Italienische Technikphilosophie für das 21. Jahrhundert

AF178360

Roland Benedikter (Hrsg.)

Italienische Technikphilosophie
für das 21. Jahrhundert

problemata
frommann-holzboog   145

Herausgeber der Reihe „problemata": Günther Holzboog

Die Deutsche Bibliothek – CIP-Einheitsaufnahme

Italienische Technikphilosophie für das 21. Jahrhundert /
Hrsg.: Roland Benedikter. –
Stuttgart-Bad Cannstatt : frommann-holzboog, 2002
  (Problemata ; 145)

  ISBN 3-7728-2208-8

© Friedrich Frommann Verlag · Günther Holzboog
Stuttgart-Bad Cannstatt 2002
Satz: Frank Hermenau, Kassel
Druck und Einband: Druckpartner Rübelmann, Hemsbach
Gedruckt auf säurefreiem und alterungsbeständigem Papier

Zusammenfassung

Dieses Buch enthält in fünf Originalaufsätzen Schlüsselpositionen der italienischen Technikphilosophie der Gegenwart. Gemeinsam ist diesen Aufsätzen, daß sie die technische Welt der ersten Jahrzehnte des 21. Jahrhunderts vorauszudenken versuchen – und zwar sowohl in ihrer Wirkung auf den *äußeren*, viel mehr aber noch auf den *inneren* Menschen.

Die hier erstmals veröffentlichten Texte zeichnen sich erstens durch die *Radikalität der Gedankenführung* und zweitens durch ihren *illusionslosen Realismus* aus. Diese beiden Erkenntnishaltungen stellen die Grundlage für jede Anschauung der künftigen Innendimension der technischen Zivilisation dar. Sie vermögen, konsequent praktiziert, diese Innendimension aber auch immer wieder auf ein *im* Technischen zugleich hervordämmerndes Erhabenes hin zu überschreiten.

Den Aufsätzen beigegeben ist ein Überblick über das gegenwärtige Denken der Technik in Italien und eine Kritik der Positionen von Roland Benedikter.

Summary

This book contains five original essays on the future of the technological civilisation written by major representatives of the current Italian philosophy of technology. Each of these essays outlines one influential view on this field. What they have in common is that they try to forecast the technical world of the first decades of the 21st century, especially its influence on the *outer* as well as – even more emphatically – on the *inner* human being.

The texts, which have been published here for the first time, stand out both due to their *radical ideas* and their *sober realism*. These two stances on knowledge lay the foundations for every future view on the inner dimension of the technical civilisation. However, practised consistently, they may also enable the individual to step beyond this inner dimension to a sublime which again and again emerges simultaneously *within* the technical universe.

The essays are accompanied by an overview on the current way of thinking about technology in Italy and a critique on the various positions.

Inhalt

Wer spricht?
Ankündigungsbrief eines Unbekannten

Wer spricht hier? Und was kündigt sich in diesem Sprechen an? Welches Unbekannte schreibt hier einen Ankündigungsbrief, in dem es sich selbst als Zukunft ankündigt?

In diesem Buch sprechen fünf der heute wichtigsten italienischen Denker der Technik. Umberto Galimberti, Emanuele Severino, Salvatore Natoli, Franco Volpi und Francesco Marchioro teilen in allgemein verständlicher Form ihre *Schlüsselgedanken* mit – für den Leser ihrer Briefe, den Gedankenfreund, *auf das Wesentliche verdichtet.*

Die Gedanken, die sich so zur Geltung bringen, sind Briefe *aus* einem Unbekannten *ins* Unbekannte. Sie sind experimentell. *Gemeinsam* ist ihnen, daß sie die technische Welt der ersten Jahrzehnte des 21. Jahrhunderts vorauszudenken versuchen – und zwar sowohl in ihrer Wirkung auf den *äußeren,* aber viel mehr noch auf den *inneren* Menschen. Das Sprechen aus dem Unbekannten ins Unbekannte zielt auf Grundsätzliches: auf das *menschlich Belangvolle* der derzeitigen Entwicklung.

Die Ansichten der hier sprechenden Denker sind *radikal.* Das ist auch notwendig. Denn nur die konsequente Radikalität eines Gedankens, der endlich den Mut hat, bis *an sein eigenes Ende* zu gehen, wird der elementaren, alles durchdringenden Kraft der Technik gerecht. Und nur mehr die kompromißlose Radikalität im Denken erzeugt jenen *illusionslosen Realismus,* der einerseits die Grundlage für jedes künftige Erkennenwollen der Innendimension der technischen Zivilisation darstellt, andererseits sich selbst auf die Ebene eines *darin hervordämmernden Erhabenen* hin zu überschreiten vermag.

In den folgenden Aufsätzen lebt ein dunkles Glitzern. Es ist das Glitzern der Technik selbst. Eher als *Kommentare* sind die folgenden Versuche *Spiegelungen.* Was in ihrem reflektierenden Geist hervordämmert, ist die erste Selbstankündigung des *Wesens* eines vorläufig noch unsagbar Gegenwärtigen. Dieses Wesen ist in seiner *fundamentalen Ambivalenz* mit dem bisherigen Denken noch schlechthin unbewältigbar. Denn seiner noch unentschiedenen und konfliktualen

Innenstruktur wohnt auch ein neu entspringendes *Transzendentales* ganz „andere" Qualität inne. Dieses Transzendentale beginnt – als reale Wirklichkeit *außerhalb* des Menschen, aber ebensogut auch schon als reale Wirklichkeit *im* Menschen – zu *erscheinen*: in einer charakteristischen, das *Heimliche* verlassenden und daher derzeit geradezu in planetarischer Dimension *unheimlich* werdenden Bewegung.

Die folgenden Beiträge setzen, jeder auf seine Weise, und zugleich voneinander wissend, die „andere" Tradition der europäischen Technikphilosophie fort. Das heißt: sie suchen die *hergebrachten* humanistischen oder in sonstiger Weise beschwichtigenden und absichernden Perspektiven zu verlassen – und die fundamentale Ambivalenz des Neuen ganz, nämlich *seinem eigenen Wesen und seinem eigenen Maßstab nach* zu denken. Es geht hier nicht um *Lösung*, sondern um *Anschauung*. Die illusionslose, aber in sich konsequente Anschauung, die ihren Maßstab nicht *von außen* an das Phänomen heranträgt, sondern *an ihm selbst* bildet, scheint mir die zentrale Forderung der gegenwärtigen Passage der (Post-)Moderne an das Denken zu sein.

Diese Forderung wird sich unter den Bedingungen der rasch ausgreifenden *Zwischenwelt eines Technisch-Menschlichen* und eines *Menschlich-Technischen* in den kommenden Jahrzehnten in Ton und Gestus eher noch verschärfen. In dieser Zwischenwelt vollends wird es endlich diesseits der wohlfeilen Nominalismen, Konstruktivismen und Kommunikativismen der akademischen Schulphilosophie zu lernen gelten, Unterscheidungen im Substantiellen des Ontologischen und im Offenen des begegnend Wesenhaften zu treffen. Das ebenso unsichere wie immanente Transzendentale des nur allzu Konkreten des technischen Wesens und Wirkens wird nicht länger auszusparen sein.

Die Übersetzungen aus dem Italienischen – aller Beiträge außer dem von Franco Volpi, der in deutscher Sprache verfaßt wurde – verantworte ich. Mein Dank gilt Francesco Marchioro für ständige kritische Auseinandersetzung sowie Antimina Bartolomeo und den Studentinnen des Instituts für Übersetzungswissenschaft der Universität Innsbruck für Hilfe bei der Übersetzung einzelner Originalmanuskripte.

Roland Benedikter
Herbst 2001

Umberto Galimberti

Die Technik und das Wesen des Menschen im 21. Jahrhundert

Wir alle sind davon überzeugt, im Zeitalter der Technik zu leben, deren Vorteile wir in Form von Gütern oder Freiräumen genießen. Wir sind freier als die primitiven Menschen, weil wir mehr Spielfelder zur Auswahl haben, wo wir mitspielen können. Jedes Bedauern der Vergangenheit, jede Ablehnung unserer Zeit hat deshalb etwas Pathetisches an sich. Aber durch die Selbstverständlichkeit, mit der wir Instrumente und Einrichtungen benützen, mit der wir Distanzen verkürzen, die Zeit beschleunigen, Schmerzen lindern, Normen umwerfen, auf die alle bisherigen Moralvorschriften zugeschnitten waren, laufen wir Gefahr, uns nicht einmal zu fragen, *ob unsere Art des menschlichen Daseins nicht veraltet ist für das Zeitalter der Technik.*

Diese gegenwärtige Art unseres menschlichen Daseins ist nämlich eine, die nicht wir, sondern die Abstraktion unseres Denkens erschaffen hat. Sie verpflichtet uns – mit einer Kraft der Verbindlichkeit, die viel stärker ist als jene, die alle Moralkodizes der Geschichte je sanktioniert haben –, uns einzuordnen und mitzuspielen. Aber während dieses unseres unausweichlichen Einordnens tragen wir noch immer die *Züge des prä-technologischen Menschen* in uns. Der prä-technologische Mensch handelte im Hinblick auf Ziele, die sich innerhalb des Horizontes eines Sinnhaften befanden, und er war mit eigenen Ideen und mit Gefühlen ausgestattet, in denen er sich wiedererkannte.

Das Zeitalter der Technik hat diesem „humanistischen" Dasein ein Ende gesetzt. Sinnfragen, die sich stellen, bleiben nun unbeantwortet. Aber nicht, weil die Technik noch nicht perfekt genug ist, sondern, weil es nicht in ihrem Programm steht, Antworten auf solche Fragen zu finden.

Die Technik strebt in Wirklichkeit nicht nach einem Sinn, sie verfolgt keinen Zweck, eröffnet keine Erlösungsszenarien, befreit nicht, enthüllt nicht die Wahrheit. Die Technik *funktioniert*, und da ihr Funktionieren globale Ausmaße annimmt, müssen herkömmliche Ideen und Begriffe wie *Individuum, Identität, Freiheit, Erlösung, Wahrheit, Sinn, Ziel*, aber auch solche wie *Natur, Ethik, Politik, Religion* und *Geschichte* revidiert werden. Von diesen Begriffen hatte sich das prä-technologische Zeitalter genährt. Sie müssen jetzt, im Zeitalter der Technik, neu bewertet, verworfen oder von Grund auf neu aufgebaut werden.

I. Die Technik ist unsere Welt

Wir müssen ernsthaft darüber nachdenken, ob die Kategorien, die wir vom prä-technologischen Zeitalter geerbt haben und die wir heute noch verwenden, um den Menschen zu beschreiben, noch dem absolut neuartigen Ereignis der Technik angemessen sind, mit dem die Menschheit, wie wir sie *in der Geschichte* kennengelernt haben, nicht Schritt halten kann.

Um uns zurechtzufinden, müssen wir vor allem von der Scheinheiligkeit ablassen: vom Märchen der *neutralen* Technik, die uns nur die *Mittel* verschafft, die dann die Menschen zum Guten oder zum Bösen einzusetzen beschließen. Die Technik ist nicht neutral, weil sie eine Welt mit bestimmten Eigenschaften schafft, die wir zu bewohnen nicht umhin können, und weil wir dabei Gewohnheiten annehmen, die uns unvermeidlich verändern. Wir sind nämlich keine unbefleckten und weltfremden Wesen, die einmal von der Technik Gebrauch machen und dann wieder darauf verzichten. Aufgrund der Tatsache, daß wir in einer Welt leben, die in jedem ihrer einzelnen Teilbereiche technisch organisiert ist, ist die Technik nicht mehr ein Objekt unserer Wahl, sondern sie ist unser Lebensraum, in dem Ziele und Mittel, Zwecke und Vorstellungen, Verhaltensweisen, Handlungen und Leidenschaften, sogar Träume und Wünsche technisch gegliedert sind und ihrerseits die Technik brauchen, um zum Ausdruck zu kommen.

Deshalb leben wir ausweglos und ohne Entscheidungsmöglichkeit in der Welt der Technik. Dies ist unser Schicksal als moderne Menschen des Abendlandes, und all jene, die trotzdem noch denken, sie könnten ein Wesen des Menschen entdecken, das jenseits der Konditionierung durch die Technik liegt, wie es oft heißt, sind einfach unbewußt oder weltfremd Lebende, die den Mythos eines in all seinen Entscheidungen freien Menschen leben, den es nicht gibt – außer im Delirium der Allmacht jener, die den Menschen weiterhin jenseits der realen und konkreten Bedingungen seiner Existenz sehen.

II. Die Technik ist das Wesen des Menschen

Unter dem Begriff *Technik* verstehe ich sowohl das *Universum der Mittel* – die Technologie, die als Gesamtheit den technischen Apparat bildet, wie auch die *Rationalität*, die den Einsatz der Mittel in ihrer Funktionalität und Effizienz beherrscht. In beiderlei Hinsicht ist die Technik nicht als Ausdruck des menschlichen Geistes entstanden, sondern um seiner biologischen Mangelhaftigkeit Abhilfe zu schaffen.

Der Mensch lebt nämlich im Gegensatz zu den Tieren, die in einer vom Instinkt festgelegten Welt leben, aus Mangel an instinktiver Veranlagung nur aufgrund seiner Handlungen. Diese führen von Beginn an zu technischen Verfahren, welche in der Rätselhaftigkeit der allgemeinen Welt eine besondere Welt für den Menschen schaffen. Die Vorwegnahme, der Entwurf, die Planung, die Bewegungs- und Handlungsfreiheit, kurzum die Geschichte als Abfolge von Selbstschöpfungen, hat ihren Ursprung in der biologischen Mangelhaftigkeit und findet ihre Ausdrucksform im technischen Handeln.

In diesem Sinn ist es möglich zu sagen, *daß die Technik das Wesen des Menschen ist*, und dies nicht nur aufgrund seiner unzureichenden Instinktausstattung. Der Mensch hätte ohne Technik nicht überlebt. Aber auch weil er die Plastizität der Anpassung auszunutzen wußte, die von der Allgemeinheit und nicht von der Präzision seiner Instinkte herrührt, ist es ihm mit Hilfe technischer Selektions- und Stabilisierungsvorgänge gelungen, auf kulturelle Art jene Selektivität und Stabilität zu erreichen, über die das Tier von Natur aus verfügt. Diese Anschauung, die Arnold Gehlen in unserer Zeit ausführlich dargestellt hat, war bereits zur Zeit Platons, Thomas von Aquins, Kants, Herders, Schopenhauers, Nietzsches und Bergsons, also großer Vertreter des westlich orientierten Denkens, bekannt, und zwar unabhängig von ihrer philosophischen Denkrichtung.

III. Die Technik und die Notwendigkeit einer radikalen Neubegründung der Psychologie

Wenn man von dieser Voraussetzung ausgeht, dann muß zunächst einmal die bisherige Psychologie mit sich selbst radikal ins Gericht gehen. Sie muß die verschiedenen Formen, ja den Gegenstand ihres Wissens neu denken, und zwar ausgehend von der Technik, die ja offenbar jener ursprüngliche Vertrag zwischen Mensch und Welt ist, der ungedacht geblieben ist, und zwar sowohl von der Psychologie *naturwissenschaftlicher* Ausrichtung, welche den Menschen ausgehend von Tierexperimenten zu erklären versucht, als auch von der Psychologie *phänomenologisch-hermeneutischer* Ausrichtung, welche – in all ihren Varianten: psychodynamisch, verhaltenskognitiv, systemisch oder soziologisch – den Versuch unternimmt, den Menschen auf der Grundlage seiner typischen, durch die westliche Kultur gegebenen Bedingungen zu verstehen und dabei von „Körper", „Seele" oder „Bewußtsein" spricht.

Ohne eine angemessene Reflexion über die Technik, verstanden als *Wesen des Menschen*, kann die naturwissenschaftlich ausgerichtete Psychologie aber nur zur Ethologie führen, während der phänomenologisch-hermeneutischen Psychologie nichts anderes übrigbleibt, als bei der Naivität des Subjektivismus stehen zu bleiben. Denn der ersteren entgeht, daß der Mensch abgrundtief vom Tier entfernt ist, da ihm der für das Tier typische Instinkt fehlt. Der letzteren aber entgeht, daß die „Seele" oder das „Bewußtsein" Überbleibsel der Handlung und deren technischer Verlängerung sind – also dessen, was übrigbleibt, nachdem die Handlung es dem Menschen bereits erlaubt hat, in der Welt zu sein und sich in ihr *seine eigene* Welt zu schaffen.

Daher ist es notwendig, eine *Psychologie der Handlung* zu schaffen, um dadurch eine *reduktionistische* Sicht auf den Menschen zu verhindern, wie sie vor allem die naturwissenschaftlich ausgerichtete Psychologie pflegt, welche den Menschen vom Tier aus versteht, aber auch um eine *reaktive* Sicht auf den Menschen zu verhindern, wie sie vor allem der phänomenologisch-hermeneutischen Psychologie eigen ist, die den Menschen nicht ausgehend von seiner unmittelbaren Erfahrung der Wirklichkeit durch die Handlung, sondern von seiner sekundären Erfahrung, das heißt mittels seiner *Reflexion* über die Handlung begreift.

Schafft man diese Psychologie der Handlung, dann wird man entdecken, daß, ausgehend vom Fehlen des menschlichen Instinkts, der durch die Plastizität der Handlung ausgeglichen wird, die Möglichkeit gegeben sein wird, Phänomene wie etwa Motorik, Wahrnehmung, Gedächtnis, Vorstellung, Bewußtsein, Sprache und Denken in ihrem Entstehen und in ihrer Entwicklung zu erklären – und dabei einen völlig linearen Weg zu gehen, der zur Rechtfertigung seines Verlaufes keine Notwendigkeit mehr sieht, auf den bestehenden *Dualismus zwischen Körper und Geist* zurückzugreifen. Gerade dieser überkommene Dualismus ist es nämlich, den schon seit einiger Zeit jede Ausrichtung der Psychologie „instinktiv" zu überwinden versucht, ohne aber bisher zu wissen, auf welche Art und Weise.

Kein Bereich der Wissenschaft, der sich aus einer falschen Voraussetzung entwickelt hat, kann sich von derselben befreien, ohne sich dabei selbst zu verneinen. Genau das trifft auch auf die bisherige Psychologie zu. Auch wenn sie sich dessen bisher nicht bewußt ist, ist sie, verglichen mit den anderen Bereichen der Wissenschaft, die *platonischste*, denn sie hat sich noch nicht vom anthropologischen Dualismus, der von Platon begründet und von Descartes übernommen wurde, distanziert. Dieser Dualismus aber nimmt der Psychologie die Möglichkeit, ihr Ziel zu erreichen, solange sie sich nicht von ihm löst. Die mögliche Veränderung ist nur durch eine totale Neubegründung der Psychologie realisierbar, deren Ausgangspunkt nicht das psychologische Subjekt, geschweige denn das psychische Objekt, sondern die *Tat* sein muß. *Der höchste Ausdruck der Tat aber ist die Technik.*

IV. Die Entstehung der Technik als Mittel

Teilt man die Auffassung, daß die Technik das Wesen des Menschen ist, dann ist das Interpretationskriterium, das im Zeitalter der Technik verändert werden muß, jenes, das traditionell den Menschen als *Subjekt* und die Technik als *Mittel* in seinem Dienst sieht. Dies galt zweifellos für die Welt der Antike, als die Technik innerhalb der Stadtmauern ausgeübt wurde, in der die Stadt eine Enklave inmitten der Natur war, deren Gesetze das Leben des Menschen vollkommen bestimmten. Deshalb konnte Prometheus, der Erfinder der Technik, auch sagen: „Die Technik ist bei weitem schwächer als die Notwendigkeit."

Inzwischen aber hat sich die Stadt bis zu den Grenzen der Erde ausgedehnt, und die Natur ist eine Enklave innerhalb der Stadt geworden, ein Stück Boden, das von Stadtmauern umgeben ist. Also wird die Technik, die ihre *Mittel* in die menschlichen Hände legt, um die Natur zu beherrschen, zur *Umwelt*, die den Menschen umgibt und *ihn erschafft* entsprechend den Regeln jener Rationalität, welche sich an den Kriterien der Funktionalität und der Effizienz mißt und bereitwillig die Bedürfnisse des Menschen den Bedürfnissen des Apparats unterordnet.

Die heutige Technik gehört zur Gänze in den Bereich der *Herrschaft*, aus der sie hervorgegangen ist und innerhalb derer sie sich nur unter Maßgabe strenger Kontrollmechanismen entwickeln konnte. Diese Kontrolle kann, wenn sie wirklich Kontrolle sein soll, heute nicht umhin, planetarisch zu sein. Die Entwicklung dieser heutigen Situation zeichnete sich bereits deutlich bei der Geburt der modernen Wissenschaft ab, als Francis Bacon ohne Zaudern und in klarer Voraussicht erklärte: *Scientia est potentia.*

V. Die Umwandlung der Technik vom Mittel zum Zweck

Aber zur Zeit Bacons waren die technischen Mittel noch unzureichend, und der Mensch konnte noch seine Subjektivität und die Herrschaft über die Mittel für sich beanspruchen. Heute hingegen hat sich die Technik als Mittel hinsichtlich ihrer Macht und Verbreitung so sehr ausgeweitet, daß sie die *Verwandlung von Quantität in Qualität* zur Folge hat. Bereits Hegel beschrieb Quantität und Qualität in seiner Logik. Diese beiden Kategorien sind, auf unser Thema bezogen, ausschlaggebend für den Unterschied zwischen der Technik der Antike und der Technik der Gegenwart.

Solange nämlich die verfügbaren technischen Mittel, die zur Erreichung der Ziele, welche der Befriedigung menschlicher Bedürfnisse dienen, quantitativ gerade ausreichend waren, war die Technik ein einfaches Hilfsmittel, dessen Bedeutung gänzlich von seiner Zielsetzung abgedeckt wurde.

Seit aber die Möglichkeiten der Technik in einem solchen Ausmaß zugenommen haben, daß sie zur Erreichung eines jeden Zieles verfügbar sind, verändert sich das Bild qualitativ. Denn nun bedingen nicht mehr die *Ziele* die Vorstellung, die Forschung, den Erwerb von technischen Mitteln.

Sondern die vermehrt zur Verfügung stehenden technischen Mittel *ihrerseits* sind es, die eine ganze Bandbreite von beliebigen Zielen hervorbringen, welche durch sie selbst verwirklicht werden können.

So wird die Technik *vom Mittel zum Zweck oder Ziel.* Nicht weil die Technik sich etwas vornimmt, sondern weil alle vom Menschen gesetzten Ziele und Zwecke nur mehr dann erreicht werden können, wenn die Technik als Mittel eingesetzt wird. Emanuele Severino bemerkt dazu im folgenden Beitrag: wenn das technische Mittel die Bedingung ist, um all die Ziele zu erreichen, die ohne technische Mittel nicht mehr erreicht werden können, *dann wird der Erwerb des Mittels zum eigentlichen Ziel*, dem alles andere untergeordnet ist. Das aber bringt das Scheitern zahlreicher Kategorien mit sich, mit denen der Mensch bis zum Zeitpunkt dieses Ereignisses, dieser Wende sich selbst und seinen Platz in der Welt definiert hat.

VI. Die Technik und die Umkehrung der bisherigen Leitbegriffe des Abendlandes

Wenn die Technik die letzte Anlaufstelle ist, welche die Tür zu allen Erfahrungsbereichen öffnet, wenn es also nicht mehr die *Erfahrung* ist, die sich als Herrin über die technische Vorgehensweise stellt, sondern wenn es die *Technik* ist, die sich als ihrerseits Grundlage und Bedingung der Erfahrung darbietet, die also entscheidet, *auf welche Art Erfahrungen überhaupt gemacht werden*, dann ereignet sich ein *Umsturz*. Dieser Umsturz besteht darin, daß nicht mehr der *Mensch* das Subjekt der Geschichte ist, sondern die *Technik*. Die Technik hat sich von der Rolle des Instruments emanzipiert und verfügt nun über die Natur als ihren Fundus, über den Menschen aber als ihren Funktionär. Diese Situation bringt eine radikale Umkehrung der bisherigen Auffassungen von Vernunft, Wahrheit, Ideologie, Politik, Ethik, Natur, Religion und Geschichte mit sich – also der Auffassungen, die bisher die Leitbegriffe der abendländischen Kultur waren.

DIE VERNUNFT ist nicht mehr jene unveränderliche Weltordnung, in der sich zunächst die Mythologie, dann die Philosophie und schließlich die Wissenschaft widergespiegelt und Kosmologien geschaffen haben. Sondern die Vernunft wird zu einem *instrumentellen Verfahren*, das darin besteht, mit den zur Verfügung stehenden Mitteln bei geringstem Aufwand die gesteckten Ziele zu erreichen.

DIE WAHRHEIT stimmt nicht mehr mit einer absoluten Ordnung der Welt oder Gottes überein. Denn wenn man aufgrund des „neutralen", rein instrumentellen Herrschens der Technik keine Anlaufstelle mehr zur Verfügung hat, die das ewige Bild einer unveränderlichen Ordnung zu garantieren vermag, wenn also die Weltordnung sozusagen nicht mehr in ihrem Sein verweilt, sondern in all ihren Fasern vom technischen Tun abhängig ist, dann wird die *Effizienz* zum einzigen Wahrheitskriterium.

DIE IDEOLOGIEN, deren Kräfte auf der allgemeingültigen Unveränderlichkeit ihrer Doktrinen beruhten, können im Zeitalter der Technik der unerbittlichen Reduktion aller Ideen auf einfache *Arbeitshypothesen* nicht standhalten. Im Gegensatz zur Ideologie, die in dem Moment untergeht, in dem ihr theoretischer Kern nicht mehr aus *einem* Standpunkt heraus das Sein erklärt und dadurch Macht ermöglicht, sieht die Technik stets auch noch die eigenen allgemeingültigen Hypothesen prinzipiell als überwindbar an. Deshalb erlischt sie nicht, wenn einer ihrer theoretischen Kerne sich als unwirksam herausstellt. Denn da sie ihre Wahrheit nicht an diesen Kern bindet, kann sie sich ständig verändern und sich selbst korrigieren, ohne sich zu widersprechen. Begangene Fehler bringen sie nicht zum Scheitern, sondern verwandeln sich sofort in neue Möglichkeiten zur Selbstkorrektur.

DIE POLITIK, die Platon als „königliche Technik" bezeichnet hatte, weil sie allen Techniken ihre jeweiligen Sinnhaftigkeiten zuwies, kann heute nur mehr dem wirtschaftlichen Apparat untergeordnet Entscheidungen treffen. Aber der wirtschaftliche Apparat ist seinerseits wieder von den Mitteln abhängig, die der technische Apparat zur Verfügung stellt. Auf diese Weise befindet sich die Politik in einem Zustand ständiger *passiver Anpassung*, da sie indirekt von der technischen Entwicklung abhängt, die sie – eben aufgrund ihrer indirekten Anbindung – nicht kontrollieren und um so weniger lenken, sondern nur gewährleisten kann. Immer stärker auf eine bloße Administrationsfunktion degradiert, behält die Politik eine aktive und somit entscheidende Rolle nur mehr dort, wo die Technik noch nicht hegemonial ist, oder wo ihre Hegemonie noch Lücken oder Mängel hinsichtlich ihrer instrumentellen Rationalität aufweist.

DIE ETHIK, traditionell die Form des *Handelns im Hinblick auf Ziele*, demonstriert ihre Machtlosigkeit in einer Welt der Technik, die vom *Tun* als bloßer Produktion von Resultaten geregelt ist. In dieser Welt der Resultate werden die Wirkungen so aneinandergereiht, daß die Ergebnisse nicht mehr auf die Absichten der anfänglichen Agenten zurückzuführen sind. Das heißt: nicht mehr die Ethik wählt die Ziele und beauftragt die Technik mit der Aufbringung der Mittel. Sondern die Technik, *welche die schiere Tatsache der Resultate ihrer Vorgangsweisen bereits als Ziele für sich betrachtet*, setzt der Ethik Bedingungen, indem sie sie zwingt, in einer nicht mehr *natürlichen*, sondern *künstlichen* Wirklichkeit ihren Platz einzunehmen – in einer Wirklichkeit nämlich, die die Technik selbst von sich aus unentwegt aufbaut und möglich macht, unabhängig davon, welche Haltung die Ethik einnimmt. Wie kann man jemanden, der etwas machen kann, verbieten, das zu machen, was er kann, wenn das Verbot dem Tun notwendigerweise nach- oder untergeordnet ist?

Man kann es ihm jedenfalls nicht mehr mit der vom Christentum eingeführten *Moral der Absicht*, von Kant als Prinzip der „reinen Vernunft" wieder aufgegriffen, verbieten. Denn diese Moral der Absicht, basierend auf dem Prinzip *subjektiver Selbstbestimmung* und nicht auf dem Prinzip *objektiver Verantwortung*, berücksichtigt die objektiven Folgen der Handlungen nicht und kann, gerade weil sie sich auf die Rettung der „guten Absicht" beschränkt, dem technischen Tun nie gewachsen sein. Aber auch mit einer *Verantwortungsethik*, von Max Weber begründet und von Hans Jonas wiederaufgenommen, kann man gegenüber dem technischen Tun keine Verbote aussprechen. Denn wenn sich die Verantwortungsethik auf die Forderung beschränkt, wie Weber schreibt, daß man für die absehbaren Folgen der eigenen Taten haftet, dann ist es eine Charakteristik der Technik, das Szenario jener *fundamentalen Unvorhersehbarkeit* zu eröffnen, das nicht, wie in der Antike, einem Mangel an Erkenntnis zuzuschreiben ist, sondern einer unendlichen *Fähigkeit zu tun*, die gegenüber der *Fähigkeit, vorauszuschauen,* überentwickelt ist.

DIE NATUR. Das Verhältnis Mensch-Natur wurde für uns abendländische Menschen von zwei Weltanschauungen geprägt: von der *griechischen*, die die Natur als *Wohnsitz* der Menschen und Götter versteht, und von der *jüdisch-christlichen*, die dann von der modernen Wissenschaft aufgegriffen wurde, die die Natur als *Herrschaftsgebiet* des Menschen versteht. So unterschiedlich sie auch sein mögen, stimmen die zwei Anschauungen doch in einem Punkt überein. *Beide schließen nie aus, daß die Natur in den Zuständigkeitsbereich der Ethik falle.* Die Aufgaben der Natur blieben bisher auf die Regulierung des Verhältnisses zwischen den Menschen beschränkt, und zwar ohne jede Miteinbeziehung des Wesens der Natur. Doch heute, wo die Natur aufgrund der Technik ihre Verletzlichkeit preisgibt, öffnet sich ein Hintergrund, vor dem die traditionellen Ethiken verstummen, *da sie keine Instrumentarien haben, die Natur in den Bereich der Verantwortung des Menschen aufzunehmen.*

Die Voraussetzung der RELIGION ist jene zeitliche Dimension, in der sich zum Ende *(éschaton)* hin dasjenige realisiert, was zu Beginn angekündigt worden war. Nur innerhalb dieser eschatologischen Dimension, die die Zeit in einen übergeordneten Plan einfügt, hat all das, was in der Zeit geschieht, einen Sinn. Indem aber die Technik diese *eschatologische* Dimension der Zeit durch die *projektierende* Dimension ersetzt, die sich, wie Salvatore Natoli in seinem Beitrag in diesem Buch schreibt, stets in dem *schmalen Zeitstreifen* zwischen der jüngsten Vergangenheit, in der sie die verfügbaren Mittel auftreiben muß, und der unmittelbaren Zukunft, in der diese Mittel ihre Anwendung finden, befindet, entzieht sie der Religion auf Grund dieser *zeitlichen Verkürzung* die Möglichkeit, in der Zeit einen Plan, einen Sinn, einen letzten Zweck zu erkennen, auf den sie sich beziehen könnte, um Worte der Rettung und der Wahrheit zu sprechen.

DIE GESCHICHTE entsteht im Akt des Berichtens, der die Ereignisse innerhalb eines *Sinnzusammenhangs* ordnet. Durch die Sinnsuche wird die *Zeit* zur *Geschichte*, ebenso wie der Sinnverlust die Geschichte im bedeutungslosen Verfließen der Zeit auflöst. Der zweckfreie Charakter der Technik, der nicht im Hinblick auf *Ziele*, sondern im Hinblick auf *Ereignisse* agiert, die aus experimentellen Verfahren hervorgehen, hebt jeden zusammenhängenden Sinnhorizont auf und bewirkt auf diese Weise das *Ende der Geschichte als sinntragender Zeit.* Im Vergleich zur historischen Erinnerung führt die Erinnerung der Technik, die nur eine „Verfahrenserinnerung" ist, die Vergangenheit in die Bedeutungslosigkeit des Überholten über – und gewährt zugleich der Zukunft lediglich das Privileg der Perfektionierung von Verfahren. Daher wird der Mensch in seiner absoluten Abhängigkeit von der Technik *ahistorisch*, da er über keine andere Erinnerung verfügt als eben jene, die ihm von der Technik vermittelt wird. *Diese Erinnerung*

20

besteht letztlich in der immer rascheren Streichung von Vergangenheit und
Gegenwart – zugunsten einer Zukunft, die nur als Steigerung des eigenen
Potentials aufgefaßt wird.

VII. Die Technik und die Aufhebung aller Zwecke und Ziele im Universum der Mittel

Unter den Kategorien, die wir üblicherweise anwenden, um uns in der Welt zu orientieren, ist die Kategorie des *Absoluten* scheinbar die einzige, die uns dem durch die Technik aufgebrochenen Szenario gewachsen sein läßt. Aber „absolut" (lat. *solutus ab*) bedeutet *frei von jeglicher Bindung* – und folglich frei von jedem Sinnhorizont, jeder Sinnerzeugung, jeder Grenze, jeder Konditionierung. Der Mensch des 21. Jahrhunderts bezieht diese Eigenschaft des Absoluten, die er zuerst der Natur und dann Gott zugeschrieben hat, nicht mehr auf sich selbst, wie es das Versprechen des Prometheus und der Bibel noch erahnen ließen, als sie auf seine zunehmende Herrschaft über die Natur anspielten. *Sondern er bezieht sie auf die Welt seiner Maschinen.* Und darin liegt auch etwas Richtiges. Denn gegenüber der Macht der *Welt der Maschinen*, die gleichsam per Gesetz in der Automatik ihrer Selbststeigerung enthalten ist, erweist sich der Mensch immer mehr als eindeutig unterlegen – und zugleich seiner Unterlegenheit nicht bewußt.

Auf Grund dieser nicht voll bewußten Unterlegenheit stellt sich derjenige, der den technischen Apparat in Gang setzt oder in ihn eingegliedert ist, ohne unterscheiden zu können, ob er selbst aktiv ist oder nur in Gang gesetzt wird, nicht mehr die Frage, ob der Grund, warum der Apparat läuft, rechtfertigbar ist oder auch einfach nur irgendeinen Sinn hat. Denn diese Frage zu stellen, hieße bereits an der Technik zweifeln, ohne die kein Sinn und kein Ziel erreichbar wäre. Daher wird die Verantwortung der technischen Antwort übergeben. Diese aber impliziert von sich aus stets den Befehl, *daß man all das machen muß, was man machen kann.*

Wenn aber dergestalt immer stärker das *Positive* zur Gänze der Ausübung der Macht der Technik angehört und andererseits das *Negative* immer mehr auf den technischen Schaden, den technisch reparablen Defekt begrenzt wird, dann gelangt die Technik auf ein Niveau von Selbstbezüglichkeit, das sie als etwas Absolutes erscheinen läßt, und zwar in dem Maß, in dem man sie jeglicher Konditionierung entzieht. Es entsteht etwas Absolutes, das sich selbst als reines *Universum der Mittel* darstellt, und das, da es keine echten *Ziele,* sondern nur *Wirkungen* im Blick hat, die vermeintlichen Ziele stets in weitere Mittel zur unendlichen Steigerung seiner Funktionalität und Effizienz umwandelt. In dieser „schlechten Unendlichkeit" aber, wie Hegel sie wohl nennen würde, hat eine Sache nur dann einen Wert, wenn sie nützlich für etwas anderes ist. Daher scheinen gerade die Ziele, die in prä-technologischer Zeit das Handeln des Menschen geprägt haben und ihm Sinn gaben, im unserem Technikzeitalter nun *absolut* sinnlos.

In diesem Zusammenhang darf man sich nicht von den inhaltlichen Thematiken der *Sinnhaftigkeit* in die Irre führen lassen, von der mühevollen Suche und der ewigen Frage, auf die die Religionen mit ihrer Propagierung des Glaubens und die therapeutischen Praktiken mit ihrer Gesundheitspropagierung eine Antwort suchen. Denn sie alle enthüllen nur, daß der Begriff der Sinnhaftigkeit selbst sich nicht aus dem Universum der Mittel retten konnte. Wenn also in der Tat die Sinnfindung die Existenz begünstigt, wenn sie, wie Nietzsche schreibt, für die menschliche Situation einen biologischen Vorteil darstellt, dann muß man dort, wo man keinen Sinn mehr *finden* kann, eben einen *erfinden.* Und somit gibt es auch für den *Sinn* eine Rechtfertigung, weil er sich in der technischen Welt des 21. Jahrhunderts als *Mittel zum Leben* selbst in den Rang eines Mittels verwandeln kann.

VIII. Von der Entfremdung durch die Technik zur Identifikation mit der Technik

Darauf baut sich nun die zentrale Frage auf, die heute zu stellen ist. *Was stellt der Mensch des 21. Jahrhunderts in einem Universum der Mittel dar, deren Ziel nichts anderes als die Perfektionierung und Potenzierung des eigenen Instrumentariums ist?* Dort, wo das Leben als Ganzes nur mehr vom technischen Apparat erzeugt und möglich gemacht wird, wird der Mensch zum *Funktionsmittel* des genannten Apparates, und seine *Identität* wird als Ganze in seiner schieren *Funktionalität* aufgelöst. Deshalb kann man sagen, daß der Mensch im technischen Zeitalter des 21. Jahrhunderts nur insofern *bei sich* sein wird, als er eine Funktion für *das andere*, nämlich die Technik, erfüllen wird.

Die Technik ist nicht der Mensch. Aber aus der menschlichen Existenz heraus als deren immer unverzichtbarere Grundlage geschaffen und somit Ausdruck des Wesens dieser menschlichen Existenz, stellt die Technik die Abstraktion der Vorstellungen und Handlungen des Menschen dar, und zwar auf einer Ebene der Künstlichkeit, in der kein Mensch und keine Gruppe von Menschen, wie spezialisiert sie auch immer sein mögen, mehr imstande sind, sie zur Gänze zu kontrollieren. Dies umso mehr angesichts des erreichten Ausmaßes technischer Durchdringung des menschlichen Lebens und angesichts der entwickelten Autonomie der Technik. Zum Funktionsmittel der Technik reduziert zu sein, bedeutet für den Menschen, sich irgendwo ganz anders zu befinden als an seinem historisch angestammten Platz – und sich deshalb *selbst fern* zu sein.

Marx hat diesen Zustand in Zusammenhang mit den Bedingungen seiner Zeit *Entfremdung* genannt. Und er hat diese Entfremdung der kapitalistischen Produktion zugeschrieben. Aber sowohl der Kapitalismus (der Grund der Entfremdung) als auch der Kommunismus (den Marx als Heilmittel gegen diese Entfremdung propagierte) waren und sind immer noch dem *Humanismus*, das heißt jenem Horizont der abendländischen Sinnhaftigkeit zugehörig, der so typisch für das prä-technologische Zeitalter war und sich dadurch auszeichnete, daß in ihm der Mensch als *Subjekt* und die Technik als *Mittel zum Zweck* vorgesehen war. Aber im Zeitalter der Technik, das sein Verwirklichungsstadium gerade dann erreicht, wenn das Universum der Mittel kein Ziel mehr, sondern nur sich selbst als seinen Zweck hat, wird diese Beziehung auf den Kopf gestellt. Dies in dem Sinn, daß der Mensch nun nicht mehr selbst das *Subjekt* ist, das von der kapitalistischen Produktion entfremdet und vergegenständlicht wird, sondern daß er zu einem bloßen *Produkt* der technologischen Entfremdung wird, die ihrerseits selbst zum Subjekt wird und den Menschen zum Prädikat degradiert.

Daraus folgt, daß das von Marx gelieferte Instrumentarium nicht mehr passend ist, um das 21. Jahrhundert der Technik zu erkennen. Dies nicht etwa deshalb, weil der Kapitalismus in der Geschichte spätestens seit 1989 die Vormacht über den Kommunismus gewann, sondern weil sich Marx (der übrigens als einer der ersten die Szenarien des Technologiezeitalters vorhersah, das er selbst „Maschinenzeitalter" nannte) noch in einem *humanistischen Horizont* bewegt. In diesem wird an den *prä-technologischen Menschen* gedacht, bei dem laut Hegelscher Lehre der Herr Antagonist des Sklaven ist und umgekehrt. Dagegen gibt es im technologischen Zeitalter des 21. Jahrhunderts weder Herren noch Sklaven, sondern nur noch das Bedürfnis jener strengen technischen Rationalität, der sich sowohl Sklaven als auch Herren unterwerfen müssen.

Nun erweist sich auch das marxistische Konzept der *Entfremdung* als nicht mehr ausreichend. Denn man kann nur von Entfremdung reden, wenn es vor einem humanistischen Hintergrund eine Anthropologie gibt, die sich der Produktion der Entfremdung entziehen will, und zwar in einem Kontext, welcher durch den Konflikt *zweier* Willen, *zweier* Subjekte gekennzeichnet ist, die sich noch als Urheber der eigenen Taten betrachten – nicht aber dann, wenn es nur noch *ein einziges* Subjekt gibt, nämlich den technischen Apparat, gegenüber welchem die einzelnen Subjekte nur noch dessen Prädikate sind.

Wenn der Mensch nur als Prädikat des technischen Apparats existiert, der sich selbst als Absolutes verwirklicht, dann kann er sich nicht mehr „entfremdet" wahrnehmen. Denn die Entfremdung sieht vor, daß es einen alternativen Hintergrund gibt. Diesen alternativen Hintergrund aber gewährt das technisch Absolute nicht. Wie Paolo Madera in einem anderen Zusammenhang schreibt, verwandelt deshalb der Mensch seine *Entfremdung* innerhalb des Apparats zwangsläufig in eine *Identifikation* mit dem Apparat. Aufgrund dieser Identifikation findet das individuelle Subjekt des 21. Jahrhunderts in sich keine andere Identität als die, die ihm vom Apparat zugeordnet wurde. Sobald sich aber die Individuen mit der vom Apparat zuerteilten Funktion identifizieren, verschlingt die autonom gewordene Funktionalität des Technischen jedes Überbleibsel von tatsächlicher Identität.

IX. Die Technik und die Umwertung der menschlichen Kategorien

Da der Mensch heutzutage als Funktionär des technischen Apparats nicht mehr nach den in der prä-technologischen Zeit erstellten und ausgearbeiteten Kategorien interpretierbar ist, ergibt sich die Notwendigkeit einer *radikalen*

Umwertung der humanistischen Kategorien – angefangen von Begriffen wie Individuum, Identität, Freiheit und Kommunikation bis hin zum Begriff der Seele, deren psychische Rückständigkeit es dem gegenwärtigen Menschen noch nicht erlaubt, das technische Zeitalter hinlänglich zu verstehen.

DAS INDIVIDUUM. Dieser typisch abendländische Begriff, geboren aus dem platonischen Begriff der Seele, welcher vom Christentum aufgegriffen wurde, erlebt im technischen Zeitalter des 21. Jahrhunderts seinen vorhersehbaren Tod. Sicherlich stirbt nicht jene untrennbare Einheit (vom lat.: *individuum*), die auf der natürlichen Ebene der Spezies Mensch und auf kultureller Ebene der Gesellschaft angehört. Es stirbt jedoch jenes Subjekt, das, ausgehend vom *Bewußtsein* der eigenen Individualität, sich als autonom, unabhängig und – bis zu den Grenzen der Freiheit des nächsten – frei betrachtet, und das aufgrund dieser Selbsterkenntnis sich als den anderen gleichwertig versteht. Mit anderen Worten: es stirbt nicht das empirische Individuum, das soziale Atom, sondern das *System jener Werte*, die, ausgehend von dieser Einzigartigkeit, unsere Geschichte bestimmt haben.

DIE IDENTITÄT. Dieser Begriff entsteht, wie der des Individuums, innerhalb der westlichen Anthropologie. Denn außerhalb des Abendlandes kennt das Individuum nicht so sehr seine *Identität*, sondern vor allem die *Zugehörigkeit* zu der Gruppe, mit der es sich identifiziert. Hegel erinnert uns daran, daß der Begriff *Identität* von der *Erkenntnis der Einheit der Handlungen* abhängt. Während es im prä-technologischen Zeitalter möglich war, die Identität eines Individuums aus seinen Handlungen zu erkennen, weil diese als Ausdruck seiner Seele interpretiert wurden und diese Seele ihrerseits als das entscheidende Subjekt galt, kann man heute die Handlungen des Individuums nicht mehr als Äußerungen einer Identität interpretieren. Sie sind nur mehr vom technischen Apparat errechnete Möglichkeiten, der sie nicht nur bis ins letzte vorsieht, sondern sie sogar in Form ihrer Verwirklichung vorschreibt. Wenn das Individuum diese Handlungen ausführt, enthüllt das Subjekt daher nicht seine eigene Identität, sondern jene des Apparates, innerhalb dessen die persönliche Identität sich auflöst und zu einer einfachen *Zweckmäßigkeit* wird.

DIE FREIHEIT. Wenn wir mit diesem Wort die Ausübung der freien Entscheidung, ausgehend von den bestehenden Bedingungen, meinen, müssen wir sagen, daß die technologisch fortgeschrittene Gesellschaft einen viel größeren Freiheitsraum bietet, als den, welchen wenig differenzierte Gesellschaften zulassen. In diesen letzteren Gesellschaften reduzieren die persönliche Qualität der Bindungen sowie das Gesetz der sozialen Gleichartigkeit die Grenzen der Freiheit auf die elementaren Umrisse des Gehorsams und des Ungehorsams. Das oberste Gebot der Technik aber ist demgegenüber die Förderung und Beförderung all dessen, was gefördert und befördert werden kann. So schafft sie ein offenes System, das fortwährend eine immer breitere Palette von Entscheidungsfreiheiten schafft. Diese können nach und nach auf Grund des Kompetenzgrades der Erfahrung, die die einzelnen Individuen erwerben, angewendet werden. Da jedoch die Freiheit unter technologischen Bedingungen vorwiegend als *Kompetenz* im unpersönlichen Milieu der Berufsverhältnisse zum Ausdruck kommt, schafft sie eine tiefgreifende Spaltung zwischen öffentlich und privat. Diese Spaltung zieht, auch wenn sie von vielen als Grundlage einer neuen Freiheit gefeiert wird, de facto jenen schizophrenen Stil individuellen Lebens nach sich, der sich jedesmal äußert, wenn die Funktion, die das Individuum als unpersönliches Mitglied der technischen Welt innehat, mit dem Streben des Individuums nach Verwirklichung als globales Subjekt kollidiert *(funktionelle Schizophrenie)*. So ergibt sich am Beginn des 21. Jahrhunderts zum ersten Mal in der Geschichte – zum Beispiel durch das Internet – die Möglichkeit für das Individuum, mit anderen Individuen in Verbindung zu treten, und somit „eine Gesellschaft zu gründen", ohne daß dies irgendeine persönliche Bindung mit sich bringt. Einer gemeinsam erlebten Handlungserfahrung beraubt, die ihrerseits immer mehr der Technik vorbehalten bleibt, reagieren die Individuen auf das Gefühl der Machtlosigkeit, die sie erfahren, indem sie sich in sich selbst zurückziehen. Und da es ihnen unmöglich ist, sich gemeinschaftlich zu erleben, betrachten sie die Gesellschaft selbst immer ausschließlicher als Instrument.

DIE MASSENKULTUR. Die von der technischen Rationalität durchgeführte Aufteilung zwischen öffentlich und privat, zwischen sozial und individuell verändert auch den traditionellen Begriff von *Masse*. Sie führt jene Variante der Masse des 21. Jahrhunderts ein, die ihre *Atomisierung* und *Aufteilung* in einzelne Individuen darstellt, welche ihrerseits aber wiederum von Massenprodukten, Massenkonsum und Masseninformation geformt sind. Dies läßt den Begriff der *Masse als Ansammlung von vielen* als veraltet, jenen der

Vermassung als innerer Qualität von Millionen von Einzelpersonen jedoch als aktuell erscheinen. Jedes einzelne der heutigen Individuen produziert, konsumiert und erhält dieselben Dinge wie alle anderen, aber jedes auf eine ihm eigene Art und Weise. So erringt jeder Einzelne seine eigene Vermassung, aber eben mit der Illusion des Privaten und der scheinbaren Anerkennung der eigenen Individualität. Daher ist niemand mehr in der Lage, ein „Außen" im Verhältnis zu einem „Innen" wahrzunehmen. Denn alles „Andere", worauf jeder in der Öffentlichkeit trifft, ist genau dasselbe, mit dem er selbst auch schon im Privatbereich versorgt wurde. Daraus entstehen jene Prozesse der *Entpersönlichung* und der *Entprivatisierung*, die jenen Massenverhaltensweisen zugrunde liegen, welche typisch für homogene und konformistische Gesellschaften sind.

DIE KOMMUNIKATIONSMITTEL. Zur sozialen Homogenisierung tragen exponentiell die Kommunikationsmittel bei, die von der Technik als Veränderung unserer Art und Weise, *Erfahrung zu sammeln,* aufgebaut wurden. Man ist nicht mehr in Kontakt mit der *Welt,* sondern mit der *mediatischen Darstellung* der Welt, die das Ferne in die Nähe rückt, das Abwesende präsent und damit all das verfügbar macht, was andernfalls nicht verfügbar wäre. Wenn wir uns aber von der *direkten Erfahrung* befreien und uns nicht mehr mit den Ereignissen selbst, sondern mit ihrer *Gestaltung und Vermittlung* in Verbindung setzen, brauchen die Kommunikationsmittel die Realität nicht mehr zu verfälschen oder zu verschleiern. Denn es ist die Information, die die Dinge der Welt von sich aus kodifiziert, und der Kodifizierungseffekt wird nicht nur zum Interpretationskriterium der Realität, sondern auch zum induzierenden Modell unserer Urteile, welche ihrerseits wiederum Verhaltensweisen in der realen Welt hervorrufen, die dem vom induzierten Modell Gelernten entsprechen.

Bei einer solchen *tautologischen Kommunikation*, bei der der Zuhörende dieselben Dinge hört, die er selbst ruhig sagen könnte, und der Sprechende dieselben Dinge sagt, die er von irgendjemandem hören könnte, bei diesem *kollektiven Monolog* wird die eigentliche Erfahrung der Kommunikation zerstört. Denn die spezifischen Unterschiede zwischen den persönlichen Erfahrungen in der Welt, die jedem wahren Kommunikationsbedürfnis zugrunde liegen, werden abgeschafft. Mit ihrem gegenseitigen Sich-Nachlaufen schaffen die tausend Stimmen und tausend Bilder, die im 21. Jahrhundert den Äther füllen, in der Tat Schritt für Schritt die noch bestehenden Unterschiede zwischen den Menschen ab. Dadurch, daß sie ihre Homogenisierung perfektionieren, machen sie das Sprechen in der „ersten Person" zumindest überflüssig, wenn nicht sogar unmöglich. Somit sind die Kommunikationsmittel nicht mehr nur einfache „Mittel", die dem Menschen zur Verfügung stehen. *Denn durch ihre Möglichkeit, in die Art und Weise einzugreifen, wie wir Erfahrungen sammeln, modifizieren sie den Menschen – und zwar ganz unabhängig davon, wie und wofür er sie verwendet.*

DIE SEELE. Als die Welt in der prä-technologischen Zeit noch nicht in ihrer Vollständigkeit dem instrumentellen Handeln zur Verfügung stand, schuf sich jede Seele selbst – als die Resonanz der Welt, die sie erfuhr. Diese Resonanz war für jeden Menschen seine *Innerlichkeit.* Heute, da die Seele befreit ist von der persönlichen Erfahrung der Welt, wird die Seele eines jeden Menschen *weltumfassend.* So wird *erstens* der Unterschied zwischen *Innerlichkeit* und *Äußerlichkeit* unterdrückt, weil der Inhalt des seelischen Lebens eines jeden Menschen schließlich mit der allgemeinen Vorstellung von der Welt oder zumindest mit dem, was in den Medien als „die Welt" dargestellt wird, zusammenfällt. *Zweitens* wird der Unterschied zwischen *Tiefe* und *Oberflächlichkeit* unterdrückt, da die Tiefe schließlich nichts anderes ist als die individuelle Widerspiegelung der gemeinsamen Spielregeln für das sich an der Oberfläche entfaltende Spiel, an dem sich alle beteiligen. Es wird unterdrückt *drittens* der Unterschied zwischen *Aktivität* und *Passivität.* Denn wenn die technologische Gesellschaft dazu tendiert, mit höchster Rationalität, also wie ein vorbestimmtes, harmonisches System im Sinne von Leibniz, zu funktionieren, dann gibt es keine Aktivität mehr, die nicht zugleich Anpassung an die technischen Verfahren wäre, welche allein Aktivität ermöglichen.

Auf diese dreifache Weise wird die Seele schrittweise entpsychologisiert und unfähig gemacht, die „wahre Bedeutung" des Lebens im Zeitalter der Technik zu erfassen. Dies vor allem insofern, als unausweichlich und andauernd eine Stärkung der intellektuellen gegenüber den emotionalen Fähigkeiten gefordert ist, um der objektivierten Kultur gewachsen zu sein, welche die Technik zum Nachteil der subjektiven Kultur des Einzelnen hervorbringt.

X. Das Zeitalter der Technik und die Unzulänglichkeit des menschlichen Verstehens

Gerade wegen dieser Entpsychologisierung der Seele geht die Diskussion über das Zeitalter der Technik heute nicht über jene unwesentliche Ebene hinaus, auf der sie zur Zeit steht – nämlich über die Ebene, wo die Technik entweder bedingungslos verherrlicht oder unkritisch dämonisiert wird. Dabei sind wir alle insgeheim der Meinung, daß der eigentliche Horizont des Menschen nicht mehr die *Natur* in ihrer Stabilität und Unverletzbarkeit, und auch nicht mehr die *Geschichte*, die wir als fortschreitende Herrschaft über die Natur erlebt und überliefert haben, sondern die *Technik* ist, die uns einen Interpretationsspielraum eröffnet, welcher sich nun endgültig vom Horizont der Natur und der Geschichte gelöst hat.

Das aber ist der Übergang zu einer neuen Epoche. In diesem Übergang befinden wir uns gerade. Wir sprechen deshalb von einer *neuen Epoche*, weil die von uns bisher erlebte Geschichte die Technik als eine manipulierende Kraft erfuhr, welche nicht fähig war, die wichtigsten Kreisläufe der Natur und der Gattung Mensch selbst zu beeinflussen, und die deshalb von einem stabilen und undurchbrechbaren Horizont begrenzt war. Heute aber liegt auch dieser letzte Horizont innerhalb der Möglichkeiten der technischen Manipulation, deren Experimentiermöglichkeiten grenzenlos sind. Im Unterschied zu den Anfängen der Moderne, als wissenschaftliche Versuche in Laboratorien, also in einer *künstlichen*, nicht *natürlichen* Welt durchgeführt wurden, umfaßt dieses Labor heute die ganze – eben auch die natürliche – Welt. Daher können wir das, was unsere geographische und damit historische Wirklichkeit irreversibel zu verändern beginnt, kaum weiterhin als Experiment bezeichnen.

Wenn die hier als Hypothesen aufgestellten Wirkungsweisen der Technik irreversible Folgen haben, wie wir am Anfang des 21. Jahrhunderts absehen können, dann kann man die Technik nicht mehr als *hypothetisch* ansehen, weil ein solches Urteil Revisionierbarkeit, Vorläufigkeit, Verbesserbarkeit und Verfälschbarkeit bedeuten würde. Vielmehr müssen wir die Technik in ihrem heutigen Entwicklungsstadium als *historisch-epochal* bezeichnen. Das ist das genaueste aller Urteile, weil ab heute das, was einmal passiert ist, unwiderrufbar für immer passiert sein wird.

Nun aber stellt sich die Frage: Wenn der Mensch, abgesehen von seinen eigenen Handlungen, nicht mehr existiert, wozu wird er dann in der Perspektive des unbegrenzten Experimentierens und der mit der Technik verbundenen grenzenlosen Manipulation werden?

Die Beantwortung dieser Frage bedarf der Überwindung der naiven Überzeugung, wonach der menschliche Geist etwas *Stabiles* ist, das unberührt und unverändert bleibt, was immer der Mensch auch tut. Wenn der Mensch, wie es Nietzsche ausdrückte, ein erst „noch zu stabilisierendes Tier" ist, das von Geburt aus nur dann lebt, wenn es technisch handelt, verwandelt sich seine Natur aufgrund der Modalität dieses Handelns, welches zum Horizont seines Selbstverständnisses wird. Der Mensch nutzt also die Technik nicht als etwas *Neutrales* gegenüber seiner Natur, sondern seine Natur ändert sich aufgrund der Art und Weise, wie sie sich mit dem Technischen wandelt. Durch die Technik sehen sich heute die Menschen mit einer Welt konfrontiert, die sich als grenzenlose Manipulierbarkeit darstellt. Und die menschliche Natur darf folglich nicht mehr als jene unveränderliche Stabilität angesehen werden, die noch mit einer für sie unüberwindbaren und unveränderlichen Welt verbunden war (der Welt der Geschichte).

Die Menschheit ist in diesem Gesamtvorgang dem von ihr selbst geschaffenen technischen Ereignis *noch nicht gewachsen*, und möglicherweise erstmals in der Geschichte erweist sich ihre Empfindung, Wahrnehmung, Vorstellung und ihr Gefühl als den derzeitigen Ereignissen inadäquat. Die *Produktionsfähigkeit*, welche unbegrenzt ist, hat am Beginn des 21. Jahrhunderts erstmals die *Vorstellungsfähigkeit* überstiegen, welche, wie wir schmerzlich erkennen, begrenzt und jedenfalls unfähig ist, uns zu erlauben, die aus dem unaufhaltsamen technischen Fortschritt hervorgehenden Effekte zu begreifen und sie gegebenenfalls als „unsere" zu betrachten.

Je komplizierter der technische Apparat wird, je enger die Verflechtung seiner Unterapparate und je größer die Auswirkung dieser Apparate, desto geringer wird unsere Fähigkeit, Verfahren, Ergebnisse und Resultate (geschweige denn Zwecke und Ziele, von denen wir selbst Teile und Bedingungen sind) noch *wahrzunehmen*. Da unser *Gefühl* unfähig wird, auf das zu reagieren, was wir weder wahrnehmen noch uns vorstellen können, gesellt sich zu dem *zweckfreien aktiven Nihilismus* der Technik der bereits von Nietzsche angeprangerte *passive Nihilismus*, der uns kalt läßt, weil unser

30

Reaktionsgefühl nur bis zu einer gewissen Grenze reicht. So sind wir, als emotionale Analphabeten, Zeugen der Dämmerung einer neuen Irrationalität, die konsequent aus der vollkommenen Rationalität jener technischen Organisation herstammt, welche außerhalb jeglichen Sinnhorizonts aus sich selbst heraus hervorwächst.

Nicht wegen seiner Grausamkeit, sondern gerade wegen seiner Irrationalität, die gerade der perfekten Rationalität einer technoiden Organisation entspringt, in welcher das *Vernichten* die gleiche neutrale Bedeutung wie das *Erschaffen* hat, kann rückblickend das nationalsozialistische Experiment als eigentlicher Geburtsakt des neueren technischen Zeitalters betrachtet werden. Damals handelte es sich nicht, wie es heute scheinen könnte, um ein einzelnes, für unsere Zeit und unser Empfinden *atypisches* Ereignis. Sondern es handelte sich um ein *paradigmatisches* Ereignis. Dieses Ereignis kann uns heute noch zeigen, daß, falls wir uns in unserem eigenen Niveau nicht auf das Niveau des generalisierten technischen Handelns erheben werden, jeder von uns in der eigenen Verantwortungslosigkeit stecken bleiben wird. Und diese wird es dem technischen Totalitarismus erlauben, ungestört voranzuschreiten – und zwar dann ohne das Bedürfnis, sich formal auf irgendeine untergegangene Ideologie zu stützen.

Denn im Gegensatz zum Nihilismus jenes Denkens, das nicht mehr nach dem Sinn von Sein und Nichtsein fragt, bringt der Nihilismus der Technik nicht nur den *Sinn* des Seins und damit des Menschen ins Spiel der instrumentellen Manipulierbarkeit, sondern das *menschliche Sein selbst* und jenes der *Welt in ihrer Gesamtheit*. Und während der geistige Nihilismus trotz seiner Vorwegnahmen und Prophezeiungen *ohnmächtig* war, also *unfähig*, den von ihm vorweggenommenen Begriff des Nihilismus genauer zu bestimmen, besitzt der nicht zweckgerichtete Nihilismus der Technik nicht nur die Macht der *Nichtigmachung* aller Begriffe, sondern auch – aufgrund der Qualität seiner technischen Imperative und der damit verbundenen Moral – die Instrumente und Möglichkeiten, diese Macht auszuüben. Die Tatsache, daß die Philosophie – und mit ihr die Literatur und die Kunst – sich immer noch beim Problem „Sinn des Seins" und damit „des Menschen" aufhalten, ohne zur Frage nach der Möglichkeit von Mensch und Welt, *dieses Sein fortzusetzen*, vorzudringen, trägt zu jenem „passiven Nihilismus" bei, den Nietzsche als Nihilismus der Resignation bezeichnet.

Geboren unter dem Zeichen der Vorwegnahme, deren Symbol Prometheus, „jener, der vorausdenkt", ist, entzieht die rasende Technik dem Menschen des 21. Jahrhunderts gerade jede Möglichkeit der Vorwegnahme – und damit jede Verantwortung und Beherrschbarkeit, die von der Fähigkeit der Vorausschau herrührt. In dieser Unfähigkeit, die nunmehr zur *psychischen Unzulänglichkeit* geworden ist, verbirgt sich für den Menschen die größte Gefahr, wohingegen die Erweiterung seiner *Fähigkeit zu verstehen* einen matten Hoffnungsschimmer darstellt.

Diese Hoffnung, die ich als die Hoffnung auf *psychische Erweiterung* bezeichnen möchte, wird zwar nicht imstande sein, die Technik zu beherrschen. Sie kann aber den Menschen zumindest davor bewahren, daß die Technik ohne sein Mitwissen geschieht – und daß sie von einer lebensnotwendigen *Bedingung* des menschlichen Seins zur Ursache *seiner absoluten Bedeutungslosigkeit* wird.

Emanuele Severino

Die notwendige Selbsttranszendierung der Gegenwartskultur durch die Technik

Die Technik ist die schiefe Ebene, auf der all die großen Kräfte der westlichen Tradition zu ihrem eigenen, endgültigen Untergang hinabgleiten.
Und also? Was bedeutet das? Heute weiß man zwar in der Regel um die *Unverzichtbarkeit* der Technik, ohne jedoch ihren *wahren Gehalt* zu erfassen. Man begnügt sich mit dem *Bild*, das die Technik, oberflächlich betrachtet, denjenigen darbietet, die sich ihrer bedienen. Die von der modernen Wissenschaft gelenkte Technik befindet sich aber bereits nicht mehr im Status eines *Bildes*, sondern schon *im Zentrum des menschlichen Daseins*. Das erkennt man bei genauen Hinsehen überall, auch wenn das Staunen über die technischen Möglichkeiten nicht nur mit Bewunderung, sondern auch mit Unbehagen einhergeht.

Eines ist dabei nun ganz klar. Wenn der Sinn dessen unklar bleibt, was wir heute als Beziehung zwischen „Technik" und „Mensch" bezeichnen, bringen wir es weder mit dem Verständnis des einen noch des anderen weit. Wir erzielen auch kein Verständnis, wenn die Beherrschung der Zeit durch die Technik einfach wie eine Tatsache gehandhabt, aber dabei der Unterschied zwischen *Tatsache* und *Notwendigkeit* nicht genau bestimmt wird.

Eine *Tatsache* ist etwas, das es gibt, das es aber genausogut auch nicht geben könnte. Es ist da, aber in mehr oder wenig naher Zukunft könnte es auch nicht mehr da sein. Das heißt: wenn sich die Tatsache als unvereinbar mit irgendwelchen Bestrebungen des Menschen erweist, dann kann man sie abändern, sie widerlegen, sie bestreiten. In diesem Sinn wäre nicht die *Tatsache der Herrschaft der Technik* beunruhigend, sondern dies: wie *unvorbereitet* die Menschen gegenüber dem *radikalen Wandel der Welt* sind, der eine Folge der Tatsache dieser Herrschaft ist.

Völlig anders erscheint hingegen die Sorge, wenn man mit einer *Notwendigkeit* konfrontiert wird. Die Sorge dem gegenüber, was als unvermeidbar und notwendig empfunden wird, hat in umfassender Weise eine ganz andere, weit tiefere Qualität.

Ich arbeite vor dem Hintergrund dieser Unterscheidung im folgenden Elemente heraus, die, wenn auch nur annähernd, erahnen lassen, daß die heutige Herrschaft der Technik nicht nur eine einfache *Tatsache* ist, sondern daß ihr im strengen Sinn *Unvermeidbarkeit* und *Notwendigkeit* zukommen. Die zentrale Frage aber, die sich daraus für die Zukunft des 21. Jahrhunderts ergibt, ist, wie sich der Mensch zu dieser *notwendigen Herrschaft* der Technik verhält. Um diesen Diskurs entsprechend zu entwickeln, müßte man – dies sei hier nur erwähnt – im übrigen zeigen, *inwiefern das zeitgenössische Denken die unvermeidliche Zerstörung der philosophischen Tradition bedeutet; in welchem Sinn die Herrschaft der Technik ihrerseits bereits ebenso dem Untergang geweiht ist; in welchem Sinn der Weg, den der Westen auf dem Weg ins Zeitalter der Technik eingeschlagen hat, der größte Irrtum ist, der im gesamten Feld des Seienden begangen werden kann; in welchem Sinn sich dieser Irrweg aber nicht außerhalb der Wahrheit befindet, sondern innerhalb ihres Erscheinungsbildes; und welcher Sinn der Wahrheit zukommt, jenseits jedes Sinns, den die Geschichte der Endlichkeit als die Geschichte des Westens offenbart.*

I. Die Technik und der abendländische Wille

Die Technik vollzieht heute die tiefgreifendste Veränderung der Welt, die sich je vollzogen hat. Der göttliche, menschliche, individuelle, gesellschaftliche Wille ist im wesentlichen ein Wille, der darauf abzielt, daß die Dinge anders werden. *Die Technik ist die gegenwärtig stärkste Form des abendländischen Willens.* Am Beginn ihres Erfolgsweges auf unzählige Bereiche mit verschiedenen Spezialisierungen aufgeteilt, neigt sie heute dazu, sich zu einem einzigen, komplexen, aber doch ungeteilten weltweiten Apparat zu entwickeln, dessen Elemente voneinander abhängig sind.

In der Technik unserer Zeit vollzieht sich der starke Wille, daß die Dinge anders werden sollen, so, als ob die Veränderbarkeit der Dinge keine Grenzen hätte. Ob aber solche Grenzen existieren oder nicht, ist weder etwas Zufälliges für das Verständnis des *Wesens* der Technik – noch etwas Unbedeutendes für das *Funktionieren* der Technik. Die technische Praxis wird heute paradoxerweise hauptsächlich vom Wissen um Grenzen aller Art bestimmt – so wie die Art, in der sich ein Mensch im Raum bewegt, hauptsächlich von der Kenntnis der Umwelt und der Beschaffenheit der Gegenstände in diesem Raum bestimmt wird. Die *Kenntnis von Grenzen* bestimmt nicht nur die einfache epistemologische oder philosophische Reflexion über das Wesen der Technik. Sie bestimmt auch das konkrete und spezifische Handeln der Technik selbst.

Wenn die Technik in sich wissen oder auch nur spüren würde, daß es tatsächlich *unüberwindbare* Grenzen des eigenen Willens zur Veränderung der Dinge gibt, dann würde sie vielleicht nicht einmal versuchen, diese Grenzen zu überwinden. Da sie hingegen schon seit Zeiten Zweifel an einer solchen absoluten Unüberwindbarkeit gibt und daher versucht, alle bestehenden Grenzen zu überwinden, kann sie ihrerseits in den Verdacht geraten, utopische Ziele anzustreben. Sie kann sich dann von den warnenden Stimmen aufhalten lassen, sie sei auf etwas Unüberwindbares oder auf etwas, was sie nicht überwinden darf, gestoßen. Sie kann aber auch ihre Möglichkeiten nur unvollständig einsetzen, um das Einschlagen einer Sackgasse zu vermeiden. Wenn sie aber schließlich unweigerlich herausfindet, daß keine unüberwindbaren Grenzen der Veränderung der Dinge und auch keine unüberwindbaren Grenzen des eigenen *Willens* zur Veränderung existieren und auch nicht existieren können, dann orientiert sich die Technik an Verfahrensweisen, die es ihr erlauben, die Fähigkeit und die Legitimität zu erwerben, in jede Richtung die Schaffung des „Anderen", zu dem die Welt werden *kann*, zu erforschen. *Schließlich wird sie sich unvermeidlich dafür entscheiden, die Beherrschung der Gesamtheit aller Wesen der Welt um ihrer Verantwortung willen anzustreben.*

Aber was kann die Technik, so wie sie heute verstanden und praktiziert wird, wirklich im Hinblick auf diese Wesen der Welt erkennen? Was kann sie über die Grenzen wissen, die ihren Willen, die Dinge zu verändern, behindern könnten? Ist denn die Technik von sich aus überhaupt daran interessiert, etwas von diesen Grenzen zu wissen und zu erkennen?

Sicher: sie kann auch *nicht* daran interessiert sein, das ist legitim. In Wahrheit interessiert sie sich auch gar nicht dafür. Doch indem sie sich *nicht* dafür interessieren würde, würde die Technik de facto auf wirksame Möglichkeiten sowie auf Macht verzichten. Die Technik erreicht ja gerade in dem Augenblick die größte Macht, in dem sie, auf dem Umweg über ihr nachhaltiges

Interesse für Grenzen, erkennt, daß es keine unüberwindbaren Grenzen gibt. Das Gelangen an diesen Punkt der Gewißheit ist heute der Fall.

Die einzigen Grenzen, die in der Tat im Hinblick auf *jede* Form der Praxis unüberwindbar sind, sind die *ewigen und unveränderlichen Ordnungen des Seins*. Erstmals wurden diese Ordnungen von der abendländischen Philosophie beleuchtet – das heißt also von einem Wissen, das auf unumkehrbare Weise eine ewige und unveränderliche („göttliche") Ordnung der Gesamtheit des Seienden aufzeigen wollte, eine Gesetzlichkeit, die nicht verletzt werden darf, und an die sich jede Veränderung der Welt anpassen muß. Aber es war auch die Philosophie, die erstmals die *Veränderung der Dinge* als ihre eigentliche Wesenwerdung ansah. Dabei glaubte sie zunächst, daß das „Andere", das in der Veränderung erreicht wird, nicht substantiell anders sein könne als die unveränderliche Ordnung der Gesamtheit des Seienden. Die sich vielmehr *gerade in der Veränderung* freilegende unveränderliche Ordnung sei „die Wahrheit". Jeder Wille, ob individuell oder kollektiv, die Wesen zu verändern, könne letztlich nur dann eine reale Macht haben, wenn er sich dieser Wahrheit anpasse. Ansonsten sei er Hybris, Übergriff oder Wahnsinn und treibe jenen, der von ihm beherrscht werde, zum Scheitern und zur Vernichtung.

Die abendländische Tradition war genau im Rahmen eines solchen Verständnisses die Auseinandersetzung des Denkens und des Handelns mit der „Wahrheit". Bis zum 19. Jahrhundert verbreitete sich dieses Verständnis von Wahrheit auf ganz unterschiedliche Art und Weise von der Philosophie auf die gesamte Kultur und auf die gesamte abendländische Zivilisation aus – so auch auf das Christentum, das enge und direkte Beziehungen zur philosophischen Tradition unterhielt.

Dann aber trat ein *Bruch* ein, der dem Quantensprung der technischen Entwicklung entspricht. Die Philosophie der Moderne des 20. Jahrhunderts und, in gesteigertem Maß, des Beginns des 21. Jahrhunderts, ist trotz ihrer unterschiedlichen Ausformungen *in ihrer Gesamtheit* die *unvermeidliche und unumkehrbare Zerstörung ihrer eigenen Vergangenheit*. Damit ist sie zugleich die *Zerstörung der Grundlagen der Zivilisation*, die sich um diese Vergangenheit herum gebildet hat. *In ihren wesentlichen Grundlagen ist die zeitgenössische Philosophie die Behauptung, daß das Denken letztlich zum Bewußtsein der Unmöglichkeit jeder unveränderlichen Ordnung führt, die beabsichtigen wollte, als unüberschreitbare Grenze für das Anderswerden der Wesen der Welt zu gelten.* Unsere Kultur, einschließlich die philosophische, ist sich dabei bisher noch kaum der *Unvermeidlichkeit* und der gleichzeitigen *Notwendigkeit* ihrer Zerstörung des oben geschilderten traditionellen Sinns von Wahrheit bewußt – ebensowenig wie sie sich über den Sinn Rechenschaft gibt, den das Unvermeidliche und Notwendige dieser Zerstörung derzeit annimmt. Die normativen Prinzipien der fortgeschrittenen Gesellschaften inspirieren sich zwar weiterhin an manchen Denkweisen der abendländischen Tradition. Die zeitgenössische Philosophie hat der abendländischen Tradition zwar tödliche Verletzungen zugefügt, aber diese scheint noch immer am Leben zu sein, und sie kämpft auch mit allen Mitteln ums Überleben – und das so sehr, daß man sogar manchmal glauben könnte, sie sei fähig, den Angriff der technischen (Post-)Modernität abzuwehren und als Siegerin aus dem Kampf hervorzugehen.

Aber unabhängig vom Bewußtsein oder Nicht-Bewußtsein, das die Gesellschaften unserer Zeit über die *Unvermeidlichkeit* und die *Notwendigkeit* der Zerstörung der abendländischen Kultur haben können, ist das Entscheidende, daß die philosophische Tradition auf das Vorhandensein einer unüberschreitbaren Grenze des Willens und des mit ihm verbundenen Anderswerdens hingewiesen hat. Das zeitgenössische Denken dagegen will seinem ganzen Wesen nach zeigen, daß eine solche unüberschreitbare Grenze letztlich unmöglich ist. Im selben Ausmaß, in dem die von der modernen Wissenschaft hervorgebrachte Technik der Philosophie den Rücken kehrt, kehrt die Technik jenem geistigen Boden den Rücken, auf dem ihre ursprüngliche Bewegung ihre Bestimmung findet. Und daher kehrt sie den Voraussetzungen ihrer eigenen tatsächlichen Potenz den Rücken: dem abendländischen Denken. Es geht daher, wenn man den Blick auf den tieferen „Sinn" der Technik am Beginn des 21. Jahrhunderts richtet, darum, sich konkret anzusehen, worin die *Unvermeidlichkeit und Notwendigkeit der Zerstörung der abendländischen Tradition durch das Wesen der zeitgenössischen Technik* besteht, und zwar indem man endlich über die Gemeinplätze hinausgeht, die diese Zerstörung zu einem Dogma gemacht haben.

II. Die Zerstörung der abendländischen Tradition und die eigentliche Wirkung der Technik

Die einzelnen technologischen Verfahren zur Veränderung der Welt in den verschiedenen Fachgebieten der spezialisierten Forschung stecken sich bestimmte, eng umgrenzte Ziele. Dabei können sie natürlich nicht von der Frage absehen, ob diese Ziele aber überhaupt erreicht werden können. Sie können diese Ziele aber nur dann erreichen, wenn sie daran *glauben*, daß ihre Erreichung nicht unmöglich ist.

Für die Kräfte der abendländischen Tradition verletzt das Erreichen einiger Ziele, die sich die technologischen Verfahren gesteckt haben (zum Beispiel das Erreichen des Ziels der biologischen Manipulation des Menschen) unüberschreitbare Grenzen. Die Tradition ist, genauer gesagt, der Meinung, daß die Technik sich Ziele gesetzt hat, die nur vorläufig, und folglich nur dem Anschein nach, erreicht werden (so die „Perfektion" des Menschen durch biologische Manipulation), die aber, wie sich zum Schluß herausstellen wird, in Wirklichkeit irreal, kontraproduktiv und letztlich in ihrer *eigentlichen* Form unerreichbar sind. Auf diese Weise stellen sich die Normen und Begrifflichkeiten der abendländischen Tradition, die letztlich ihre Grundlagen in der philosophischen Denkweise haben, gleichsam über die einzelnen technologischen Verfahren und über das individuelle Gewissen der Forscher, und versperren ihnen somit in gewisser Weise den Weg.

In dieser Situation entsteht eine Art von Technik, deren Umsetzungsmöglichkeiten von der Tradition *blockiert, begrenzt und gebremst* werden. Dies ist eine der beiden fundamentalen Weisen, in der sich moderne Technik und Philosophie vereinigen. Diese Weise stellt *eines* der beiden Extreme dar, in das sich auch dazwischenliegende Formen der Vereinigung einfügen. Das *andere* Extrem ist, wie ich bereits ausgeführt habe, die „aktive" Vereinigung des Wesens der Technik mit dem Wesen der zeitgenössischen Philosophie: die *radikale, ungebremste und konsequente Destruktion* des Hergebrachten durch die ambivalente Bejahung der Veränderung.

Je stärker sich in den einzelnen technologischen Verfahren das besonders auch im Wesen des zeitgenössischen Denkens angelegte Bewußtsein breit macht, daß es keine unüberwindbaren Grenzen für den Willen gibt, die Welt anders werden zu lassen, desto stärker wächst die Macht der Technik – und desto stärker ist die immer mächtigere Technik in der Lage, sich gegenüber einer veralteten, durch die Tradition begrenzten und beschränkten Technik durchzusetzen, und diese veraltete Technik folglich mehr und mehr auszugrenzen und zu überwinden.

Die Technik unserer Zeit verursacht die tiefgreifendste Veränderung der Welt seit deren Anbeginn nicht nur deshalb, weil sie, indem sie die Dinge „anders" macht, die Dimension des „Anderen" unendlich vergrößern kann. Sondern auch deshalb, weil sie sich auch – obwohl meist unbewußt – im zwielichtigen Bereich der *Sinnfrage* des Anderswerdens bewegt, die das philosophische Denken von Anfang an ans Licht brachte. Das sieht man vor allem auf dem Gebiet, auf dem *das „Andere" bereits „Sein"* ist – nämlich auf eben jenem Gebiet, das die Technik erschafft. Auf diesem Gebiet verschiebt die Technik das Sein gleichsam in eine *unendliche Entfernung vom Nichts.* Denn die Unmöglichkeit der Existenz unüberwindbarer Grenzen wird durch die Technik gleichzeitig faktisch zur Unmöglichkeit der Existenz von Grenzen *überhaupt* hinsichtlich der Schaffung und der Zerstörung des Seins stilisiert. Eine Technik, die sich ihrer *unbegrenzten* Möglichkeiten bewußt ist, Sein zu schaffen oder Dinge zu Nichts zu machen, orientiert ihr Vorgehen grundlegend anders als die durch Tradition und herkömmliches Bewußtsein gebremste Technik – so wie ein Mensch, der weiß, daß er Beine hat, eben völlig anders handelt als einer, der es nicht weiß.

Am Ende der abendländischen Tradition: am Beginn des 21. Jahrhunderts steht daher eine Form von Technik zur Verfügung, die viel einflußreicher ist als jene, die bis dahin von Menschen gehütet wurde, welche sich nicht für den Zusammenhang von Philosophie und Technik interessierten und daher die Technik vom Wesen des zeitgenössischen Denkens trennten. Die großen überlebenden Kräfte der abendländischen Tradition (Kapitalismus, Demokratie, Christentum) wollen heute die Technik vor allem als vorrangiges *Mittel* nutzen, um sich gegen gegnerische Kräfte und gegen die im eigenen Inneren abweichenden Tendenzen durchzusetzen. Diese Kräfte verfügen über eine Technik, welche scheinbar die von ihnen vorgegebenen Grenzen berücksichtigen muß.

Wir befinden uns daher in einer Gesamtsituation, in der einerseits traditionelle abendländische Kräfte an der Macht sind. Sie sind in natürlicher Weise am Wachstum ihrer Macht und der Mittel, deren sie sich zu ihrer

Steigerung bedienen, interessiert. Sie machen sich aber, ohne es zu merken, eine Art von Technik verfügbar, die, vereint mit dem Wesen des zeitgenössischen Denkens, die Möglichkeit von unüberwindbaren Grenzen (und demnach: von führenden und leitenden Kräften) in ganz grundsätzlicher Weise nicht mehr anerkennt, und die zugleich wesentlich mächtiger ist als jene Technik, die sich vormals noch an derartige Grenzen gebunden fühlte. *Es kündigt sich deshalb eine Zeit an, in der sich die Kräfte der Tradition – das heißt die Kräfte, welche die Existenz von unüberwindbaren Grenzen regeln –, immer mehr einer Technik bedienen müssen, welche ihre wachsende Macht gerade der Ablehnung aller sie regulierenden Kräfte und Grenzen verdankt. Es kündigt sich also eine Zeit an, in der die Überlebenden der Tradition, um jeder für sich noch ein wenig weiter überleben zu können, sich gegenseitig mittels der in ihren Händen aufmüpfig und instabil werdenden Technik tödlich verletzen und so einander mit den eigenen Händen vernichten müssen.*

III. Der Wille zur Macht und der Wille zum Anderswerden

Die gemeinsame Grundlage der oft zutiefst unterschiedlichen Auffassungen der westlichen Tradition über „den Menschen" bildet eine Überzeugung, die vom traditionellen abendländischen Denken ans Licht gebracht worden ist. Es ist die Überzeugung, daß der Mensch in seinem innersten Wesen ein *willensfähiges Bewußtsein* ist, das heißt ein *bewußter Wille*, der, als ursprüngliche Befähigung, die Welt anders zu machen, das Vermögen hat, sich *Mittel* zum Verfolgen von *Zwecken und Zielen* zu organisieren. Der gemeinsame Zug, der die ganze Geschichte des Westens hindurch letztlich das Wesen des Menschen definiert hat, ist es, daß der Mensch ein *bewußter Wille* ist, der sich Mittel im Hinblick auf das Schaffen von Zwecken organisiert und dabei die effizientesten Prozesse berechnet, um aus einem Nichts den Inhalt und den Gegenstand von *Zielen* hervorgehen zu lassen.

Genau das ist aber auch der Zug, der das Wesen der Technik bestimmt. Der mathematische Charakter der modernen Technik ist das herausragende und primäre Mittel, dessen sich der wissenschaftlich-technologische

Apparat bedient. Wenn eine nicht-mathematische Erkenntnisform – sagen wir die Philosophie – es erlaubte, die Macht, die man aufgrund mathematisch organisierter Instrumentalität erlangen kann, zu übertreffen, so wäre der Machtwille der Technik gezwungen, diese seine derzeitige Form purer Instrumentalität zurückzustellen, indem er ihr den Status als *primäres* Mittel entzöge. Aber weil er eben bis ins Innerste ein Machtwille ist, könnte der Wille der Technik doch auch in diesem Fall nicht darauf verzichten, wieder dasselbe Grundverfahren zu wählen, *nämlich die als optimal angesehenen Mittel zur Erreichung von Zielen zu koordinieren. Das heißt, er könnte nie auf sein eigentliches Wesen verzichten.*

Da der Wille zur Macht zudem in einer Vielzahl von widersprüchlichen Formen existiert, ist *jede* seiner Formen, das heißt *jedes* Organisieren von Mitteln zur Erzeugung von Zwecken und Zielen, tatsächlich bereits *derselbe* Wille, die eigene Macht zu steigern. Im selben Ausmaß, in dem sich der Machtwille mit dem Wesen des zeitgenössischen Denkens vereint, ist er als Wille, Mittel für Zwecke und Ziele zu organisieren, zugleich jener Wille, die Fähigkeit der Zweck- und Zielerzeugung *unendlich* zu erhöhen. Denn eine *unüberschreitbare* Machtfülle würde ja wiederum eine unüberschreitbare Grenze und somit etwas für ihn Unmögliches darstellen. *Das Ausmaß erreichbarer Macht muß also prinzipiell immer weiter gesteigert werden können.*

Ein so verstandenes Wesen der Technik besteht bereits seit den Anfängen der Geschichte des Abendlandes. Bereits Platon definiert die Technik als die „Ursache, die eine beliebige Sache vom Nicht-Seienden zum Sein führt" (Convivium, 205b-c). Aber erst ihre Vereinigung mit dem Wesen des zeitgenössischen Denkens erlaubt es der Technik, als Ursache der Erzeugung von Sein keinerlei unüberschreitbaren Grenzen mehr unterworfen zu sein. Gewiß, es existiert auch eine prä-griechische Technik. Aber es handelt sich dabei um eine noch schwächere Form als die griechische Technik, die ebenso wie sie unüberschreitbaren Grenzen unterworfen war. Sie war jedenfalls noch kein so starker Wille, um das Nicht-Seiende (beziehungsweise das Nichts) beliebig zum Seienden und das Seiende zum Nichts werden zu lassen. Sie konnte, anders gesagt, die unendliche Distanz, die das Sein vom Nichts trennt, noch nicht vollständig durchlaufen.

IV. Die Technik und das Wesen des Menschen

Am Beginn des 21. Jahrhunderts wird es uns nun aber vollgültig bewußt: *Das Wesen der Technik ist das Wesen des abendländischen Menschen selbst. Die heute von der Technik bedrohte Menschheit ist gerade jene Menschheit, die aufgrund einer unausgesprochenen gemeinschaftlichen Auffassung vom Wesen der Menschen sich selbst wesentlich als Koordinatorin von Mitteln zur Herstellung von Zwecken und Zielen verstand und auch als solche konstituierte. Der heute von der Technik bedrohte Mensch ist der christliche Mensch (und, insofern die Technik bereits seit einiger Zeit ein weltweites Phänomen ist, der religiöse Mensch im Allgemeinen) – aber auch der von den verschiedenen Formen des Humanismus, der Demokratie, der Aufklärung, von Marxismus und von Kapitalismus konzipierte Mensch.* In den einzelnen menschlichen Individuen begegnen einander diese verschiedenen Formen des Menschseins, versuchen zu koexistieren, stehen im Widerstreit zueinander. Es ist letztlich unvermeidbar, daß sich unter ihnen, mehr oder weniger bewußt, eine Hierarchie bildet, die die Persönlichkeit formt, zugleich aber auch selbst veränderbar ist.

Wenn nun aber unterhalb dieser gegensätzlichen Formen des Menschseins, gleichsam als deren verbindende Grundlage, das gemeinsame Wesen des abendländischen Menschen die Technik ist, so ist das Wesen der Technik *nicht* als Verfremdung, sondern ganz im Gegenteil als *Verwirklichung* des abendländischen Menschen aufzufassen. Im weltumfassenden System der heutigen Technik ist der Mensch dazu bestimmt, konsequent das zu sein, was die gesamte abendländische Kultur im Grunde glaubte, daß er sei.

In den Augen des Abendlandes zeigt sich die gegenwärtige Weltentwicklung als Gefahr der Vernichtung des Lebens: als das zunehmende Sichtbarwerden immer neuer Formen der technischen Bedrohung. Aber *gerade weil* er ein Willen zur Macht ist, der sich in der Technik Mittel zur Verfolgung von Zwecken organisiert, ist der Mensch in dieser Sichtweise zugleich auch selbst schon die entscheidende Gegenkraft gegen diese falsche Entwicklung der Welt.

Nun kommt hier aber ein eigentümliches Gesetz zur Wirkung, das bis heute – insbesondere vom Humanismus – meist übersehen wird. Wenn es dem Menschen, verstanden als Wille zur Macht, nicht gelingt, andere auf Macht ausgerichtete Willensformen zu beherrschen, so verbündet er sich mit ihnen.

Um *in jedem Fall* als Willen zur Macht bestehen zu können, liegt es nahe, daß er sich vor allem mit der jeweils *stärksten* Form der Macht verbindet. Die Tendenz zu einem solchen Bündnis gehört zum Wesen des Willens zur Macht. Denn in der Verbindung mit einer höheren Form des Willens zur Macht findet der Machtwille des Menschen nicht seine *Entfremdung*, sondern sein *Wachstum*, seine *Stärkung*. Er wird dadurch schließlich zu dem, was er letztlich sein will. Die Verbindung von Individuen und Menschengruppen mit *Gott*, die Verbindung des Menschen mit *der Wahrheit* besitzen diese Eigenschaft. So auch die Verbindung des Menschen mit der *Technik*. Gegenwärtig findet das Wesen des Menschen vor allem in dieser letzteren Verbindung: der Verbindung mit der Technik Erfüllung und Halt.

V. Konflikte zwischen Verbündeten

Konflikte zwischen Verbündeten entstehen dann, wenn ein Verbündeter das gemeinsame Bündnis für Zwecke und Ziele ausnutzt, die nicht vorgesehen sind. So geschieht es manchmal, daß eine geringere Macht sich der stärkeren bedient. Wenn zum Beispiel ein Mensch Gott bittet, ihn zu retten, will er sich Gottes als eines Mittels bedienen. Dieser Mensch aber muß, sobald der Erlöser nur mehr ein Mittel in seinen Händen ist, früher oder später unvermeidlich erkennen, daß die Schwäche, Endlichkeit und Vergänglichkeit seiner eigenen Hände in diesem Zusammenhang nur eine höhere Schwäche, Endlichkeit und Vergänglichkeit des zum Zwecke der Erlösung vereinnahmten Mittels selbst bedingen. Daher ist es unvermeidlich, daß ein Mensch, der dies erkannt hat, gerade um trotzdem noch die Chance auf Rettung zu haben, vorläufig auf seine eigene Erlösung verzichten und die unendliche Steigerung der Macht des Erlösers zu seinem Hauptzweck machen muß. Wenn der Erlöser Gott ist, erfolgt die Steigerung der Macht Gottes mittels der Erkenntnis, daß der Status Gottes es ausschließt, ein einfaches Mittel in den Händen eines zu Erlösenden zu sein. Diese Steigerung der Macht Gottes ist die Reifung des theologischen Bewußtseins. *In der Ermächtigung Gottes erhält der menschliche Wille zur Macht die eigene, letzte Ermächtigung. Diese entfremdet ihn nicht von Gott, sondern verwirklicht ihn in ihm. Gott wird zur höchsten Form des menschlichen Willens zur Macht.*

Zugleich erkennt der menschliche Wille zur Macht aber auch, daß er durch sein Bündnis mit der Macht Gottes – mit einem absoluten Prinzip – eine unüberwindbare Grenze vor sich aufgerichtet hat, die sein eigenes Wachstum und seine Machtentfaltung gegenüber den dauernden Änderungen und der steten Zunahme der Gefahr in der Weltentwicklung behindern. *Er sieht also mit der Zeit ein, daß er in Gott nicht die eigene Verwirklichung, sondern letztlich doch die eigene Entfremdung findet.* Deshalb bricht er mit dem alten Bündnis und erklärt sich bereit, sich mit jenem *neuen* Willen zur Macht zu verbinden, der mittlerweile an Stelle Gottes die höchste Macht darstellt – nämlich mit jenem Willen zur Macht, der sich nach dem „Tod Gottes" über alle anderen Mächte stellt: mit der Technik. *Der menschliche Wille zur Macht bittet nun die Technik mittels Bündnis um jene Rettung, um die er vorher Gott gebeten hatte.*

Diese neue Bitte um Rettung aber wendet sich nicht mehr nur mit der Stimme des Wesens des Menschseins an die Technik. Sondern sie wendet sich an die Technik auch mit all den oft widersprüchlichen Stimmen, die aus diesem Wesen diesseits und jenseits des Menschlichen hervorgehen und in denen die großen Kräfte der abendländischen Tradition *auch* ihren Ausdruck finden. *All* diese Stimmen verlangen das Heil. Sie *alle* beabsichtigen, sich der Technik zu bedienen, um zu überleben.

VI. Die Verwirklichung des Menschseins durch die Technik

Die Technik neigt am Beginn des 21. Jahrhunderts in ihrem eigentümlichen Gefüge, das heißt als weltweiter technologisch-wissenschaftlicher Apparat dazu, unbegrenzt Ziele zu verfolgen und zu realisieren. In ihrem Wesen hat die Technik nicht ein bestimmtes Ziel zum Ziel, sondern den Wunsch, immer mächtiger zu werden, jedes Hindernis zu überwinden, jede Lücke zu füllen, jede Ohnmacht zu verringern.

Die Kräfte der westlichen Tradition wollten sich von Anfang an der Technik bedienen, um das Menschsein – und also auch das Weltsein – zu verwirklichen. Auf dem Fundament des gemeinsamen Wesens des Menschseins in der abendländischen Tradition ist jede Realisationsform des Menschlichen zuletzt nichts anderes als eine besondere Form des Willens zur Macht, die glaubt, daß gerade die von ihr vorgeschlagene Form des Menschseins eine größere Machterweiterung als alle anderen Formen erlaube. Jede dieser verschiedenen Realisationsformen in der abendländischen Tradition fordert von der Technik, gerettet zu werden, und sieht die Technik als ihre eigene Rettung an. Jede dieser Realisationsformen fordert zunächst und vor allem anderen, daß *der eigene Zweck* und *das eigene Ziel* von der Technik gerettet wird.

Das war die gemeinsame Geschichte der abendländischen Tradition und der Technik. Heute aber verbreitet das Wesen des zeitgenössischen Denkens die Gewißheit in der Welt, daß zuletzt in *keiner* der traditionellen Kräfte, die vorhatten, sich der Technik zu bedienen, die *eine* Stimme der Wahrheit widerhallt. Der Wille zur Verwendung der Technik in den traditionellen Kräften war nicht nur ein je individueller Anspruch, sondern auch eine gemeinsame Illusion. Denn es handelte sich bei den Anliegen der Tradition um individuelle Zwecke, die zwar einerseits unüberwindbare Grenzen für das technische Handeln schufen und es begrenzten, andererseits aber trotzdem nicht die letzte Wahrheit ihrer je spezifischen Ansprüche aufzeigen konnten. Sie zeigten stattdessen in Wirklichkeit nur immer deutlicher, daß auch sie selbst einfach nichts anderes als ein bestimmter Wille waren, der versuchte, sich selbst durch Bündnis die ihm letztlich von Anfang an übergeordnete Macht der Technik untertan zu machen – und der folglich von Anfang an zum Scheitern verurteilt war.

Der Konflikt, der vor einiger Zeit im *alten* Bündnis zwischen dem *menschlichen Willen zur Macht und Gott* entstanden ist, ist also dazu verurteilt, sich im *neuen* Bündnis zwischen dem *menschlichen Willen zur Macht und der Technik* zu wiederholen. Die Technik gilt heute als Retterin. Man fordert von ihr, die Ziele zu retten, die sich jede der einzelnen Realisationsformen des traditionellen Menschseins gesetzt hatte, und man fordert von der Technik vor allem auch, den Sinn dieses alten Menschseins *an sich* zu retten. Aber gerade dieses letztere Anliegen stellt eine unüberwindbare Grenze dar. Die traditionellen humanistischen Kräfte fordern von der Technik als der höchsten zeitgenössischen Macht, das alte, traditionelle Verständnis des Menschlichen zu einer unüberwindbaren Grenze zu erklären, diese Grenze zu verteidigen und sie planetarisch geltend zu machen. Die Technik müsse ihre Macht dafür einsetzen, daß sich die Welt an jene von den traditionellen humanistischen Kräften postulierte „Grenze" anpasse.

Doch die offensichtliche Unvermeidlichkeit des Todes der Tradition und ihrer Wahrheit verbreitet heute einen immer stärkeren Zweifel, ob die traditionellen Kräfte überhaupt noch die Träger der Wahrheit sind. In gewisser Weise durchdringt auch diese Kräfte selbst heute bereits das Bewußtsein ihrer eigenen Nicht-Wahrheit, das heißt, ihrer eigenen Schwäche – und somit das Bewußtsein, daß die Vereinnahmung der Technik zur Rettung der eigenen humanistischen Zwecke letztlich nur bedeutet, dem Willen der Technik eine unüberwindbare Grenze zu setzen, die ihre Macht eindämmt und schwächt.

Im *alten* Bündnis mit der höchsten Macht (Gott) erkannte der Mensch an einem bestimmten Punkt, der zugleich ein Ende markierte, daß seine eigene Schwäche auch jenen göttlichen Erlöser schwächt, von dem er sich anfangs Rettung erhoffte. Ein vergleichbarer Prozeß läuft heute im *neuen* Bündnis des Menschen mit der Technik ab. Die Kräfte der Tradition – das heißt die vielen, untereinander widersprüchlichen Methoden, die eigene Art des Verstehens des Menschen als unüberwindbare Grenze für alle anderen geltend zu machen – beginnen am Anfang des 21. Jahrhunderts erstmals zu erkennen, daß die Wahrheit ihrer je eigenen Zwecke, die die Macht der Technik einschränken wollen, um das von ihnen verstandene Menschsein zu retten, gerade die Technik als übergeordnetes Erlösungsinstrument selbst schwächt. Sie müssen daher erkennen, daß eine eingeschränkte, geschwächte Technik kein Mittel zur Rettung sein kann. Dies wiederum bedeutet mehr oder weniger explizit, daß diese Kräfte letztlich gezwungen sind, auf ihre Zwecke und Ziele zu verzichten. *Genauer gesagt: ihr Hauptzweck wird es nun, das Rettungsinstrument – die Technik – in geeigneter Form zu verändern und zu potenzieren, um die je eigenen Zwecke doch noch mittels seiner freigesetzten und gesteigerten Macht zu erreichen. Das ist die gegenwärtige Stoßrichtung des Humanismus.*

Wenn aber auf diese Weise die traditionellen Arten des Menschseins eine „geeignete" Stärkung der Technik zu ihrem Zweck zu machen beginnen, ändern sie selbst sich gegenüber ihren bisherigen Formen radikal. Wenn sie als je spezifische Formen des Willens zur Macht heute gezwungen sind, ihren ursprünglichen Zweck und ihre Ziele im Hinblick auf die Technik grundlegend zu verändern, dann überleben sie nicht mit einem anderen Zweck, sondern sie werden selbst zu etwas grundlegend Anderem, *das heißt sie gehen zugrunde.* Wenn sich der traditionelle Mensch unter die Technik unterordnet, also die Stärkung der Technik zum Zweck seiner Rettung macht, bedeutet das den Tod *dieses* Menschen, oder, anders gesagt, den Untergang dessen, was man bisher fälschlicherweise für das wahre Sein des Menschen hielt. Das bedeutet nicht, daß es die Einzelerscheinung oder das Gruppenhafte des traditionellen Menschen nicht mehr geben wird. Sondern es bedeutet, daß diese herkömmlichen Erscheinungsformen einen Sinn erhalten müssen, der völlig anders ist als der bisherige – einen Sinn, den wir erst noch vollständig zu entschlüsseln haben.

VII. Die Unterordnung unter die Technik und der unvermeidbare Tod des Menschen

Die Unterordnung des bisherigen, traditionellen, humanistischen Menschen unter die Technik ist aufgrund der beschriebenen Zusammenhänge unvermeidlich. Wie wir gesehen haben, wirkt auf der einen Seite dieses Unterordnungsprozesses der Wille, sich der Technik zu bedienen, um einen gewissen absoluten Sinn des Menschen zu retten. Auf der anderen Seite wächst das Bewußtsein der Nichtwahrheit dessen, was man hier überhaupt retten will. Das, was bisher als Wahrheit angesehen wurde, erweist sich für das Denken am Beginn des 21. Jahrhunderts nur als Glaube. In dieser Situation ist der menschliche Wille zur Macht gezwungen, um die Rettung zu erlangen, die er anstrebt, die Technik nicht zu *schwächen,* indem er sie als bloßes veränderbares Mittel ansieht, sondern sie im Gegenteil zu *stärken,* indem er sie als Zweck und Ziel an sich akzeptiert. Denn, wie wir gesehen haben, schwächt er die Technik und macht damit sie und sich selbst zum Verlierer im Rennen um die Rettung, wenn er darauf beharrt, diese Technik an ihre Funktion als reines Mittel für seine humanistischen Ziele zu binden. Wenn er auf diesen seinen Absichten beharrt, wird der traditionelle Wille zur Macht unweigerlich von alternativen Formen des Willens zur Macht, die ihre Technik *nicht* schwächen, besiegt und geht unter. Wenn er aber nicht auf seinem Anliegen beharrt, dann muß er die unendliche Steigerung der Macht der Technik als Eigenzweck anzusehen beginnen – und geht dann durch die Ablösung und Selbstexpansion der Technik wiederum unter.

Demnach ist der Tod des traditionellen Menschen unvermeidbar – in dem Ausmaß, in dem „der Mensch" das ist, was die westliche Tradition unter diesem Begriff verstanden hat und noch immer versteht.

Der Tod des Menschen der westlichen Tradition ist vor allem deshalb unvermeidbar, weil zugleich heute auch der Tod dessen, was der Westen in seiner Geschichte unter dem Begriff „Wahrheit" verstanden hat, unvermeidbar ist. Und in dem Maße, wie alle bisher verstandene „Wahrheit" dem Untergang geweiht ist, wird die Unterordnung der großen Kräfte und Traditionen des Abendlandes – jener Kräfte also, die auf verschiedene Art den Inhalt der Wahrheit des Menschen interpretiert haben – unter die Macht der Technik unvermeidlich. Nur weil in diesen Kräften heute der grundlegende Zweifel aufkommt, selbst nicht der Wahrheit zu entsprechen, als deren Überbringer sie sich bisher erklären, können sie sich am Beginn des 21. Jahrhunderts darauf einlassen, auf ihr Sonderrecht zu verzichten, die eigentlichen Zwecke und Ziele der Technik zu sein.

VIII. Der Sinn des Untergangs der Wahrheit

Was aber ist der höhere Sinn dieser heutigen Unvermeidbarkeit des Untergangs der „Wahrheit" der Tradition? Gibt es einen solchen Sinn? Dazu ist folgendes zu sagen.

Der traditionelle, humanistische *Glaube* an eine *unumstößliche Wahrheit*, die sich jedem Gedanken und jedem Handeln als absolut unüberwindbare Grenze entgegensetzt, beabsichtigte nicht nur, die Gesamtheit des Seins zu umfassen und zu beherrschen. Sondern er wollte damit auch die Gesamtheit des „Noch-Nicht" (die Gesamtheit des Künftigen) und die Gesamtheit des „Schon-Nichts" (die Gesamtheit des Vergangenen) dominieren. Eine solche Herrschaft der Wahrheit sollte ein unantastbares Gesetz sein, das sogar dem „Noch-Nicht" und dem „Schon-Nichts" vorschreibt, nicht von ihm abzuweichen. Auf diese Weise wurde selbst das schon nicht mehr Bestehende zu einem willigen Gefolgsmann der absoluten Wahrheit beziehungsweise des mit ihr gesetzten Ursprungs und Fundaments allen Seins gemacht. Die unumkehrbare und endgültige Wahrheit füllte *durch sich selbst* jede Leere aus und verwandelte sie in eine Fülle.

Diese absolute Wahrheit füllte aber auch jene Leere aus, die stets vom *Anderswerdenwollen des Seins* verursacht wird, *damit dieses einen Raum hat, in den hinein es sich entfalten kann.* Der Glaube an die unumkehrbare und endgültige Wahrheit, die in der Geschichte des Abendlandes als ursprüngliche und unleugbare Evidenz konzipiert wurde, machte im Grunde jedes Anderswerden unvorstellbar. Die heute aufgrund des Wirkens der Technik immer offenbarere Evidenz des Anderswerdens als Faktum aber impliziert ihrerseits die Unmöglichkeit jeder unumstößlichen Wahrheit und so jeder absolut unüberschreitbaren Grenze.

In den vorhergehenden Ausführungen sind schon einige Aspekte aufgetaucht, die zeigen, daß sich die traditionellen Formen des Sinns der Wahrheit sowie der Wahrheit des Menschseins am Beginn des 21. Jahrhunderts unvermeidlich der Technik ein- und unterordnen. Es wurde gezeigt, daß von den traditionellen Formen des abendländischen Denkens, die miteinander in Konflikt standen und noch immer stehen, die einen den anderen nur dann überlegen sein konnten, wenn sie, indem sie die Technik nutzten, ihre je eigene Kraft steigerten und schlußendlich stets die leistungsstärkste Form der Technik anwendeten.

Das ist zuletzt *heute* konsequenterweise jene Form, die sich aus der Verbindung der Technik mit dem Wesen des zeitgenössischen Denkens und seiner Überzeugung von der Unmöglichkeit jeder unüberschreitbaren Grenze ergibt. Es war folgerichtig und notwendig, daß sich die traditionellen Formen des Willens zur Macht, insofern sie das Ziel verfolgten, jene spezifische Art und Weise verwirklichen zu wollen, mit der sie das Menschsein begriffen, sich des mächtigsten Mittels der Neuzeit: der Technik bedienten. Dieses mächtigste Mittel: die Technik wurde aber gerade, da sie nun mit dem Wesen des zeitgenössischen Denkens verbunden ist, zur unumkehrbaren Verneinung jeder unüberschreitbaren Grenze. Auf diese Weise hat es die unvermeidliche Zerstörung der Ziele der genannten traditionellen, humanistischen Willensbestrebungen mit ihrem Impetus auf Grenzen und Selbstbeschränkungen zur Folge.

Es muß noch hinzugefügt werden, daß eine Technik, welche kraft Selbstbeschränkung nur fähig ist, *eine einzige Art von Ziel* zu erreichen – und eben solch einer Technik wollen sich die Kräfte der Tradition zur Verwirklichung ihrer eigenen, je besonderen Ziele ja bedienen – den Handlungsspielraum der

Technik an sich einschränkt. Einer solchen Technik gegenüber ist, wie bereits erwähnt, jede Form der Technik, die nicht derartigen Kräften untergeordnet ist und nicht deren „sinnhaften" Eingrenzungen unterliegt, überlegen. Sie ist als entgrenzte dazu bestimmt, über erstere zu herrschen.

Auf der anderen Seite gilt: um ein Ziel tatsächlich konkret zu erreichen, ist es notwendig, *die Perfektionierung der Mittel einzuschränken*. Denn verwendete man alle Energien nur auf die fortwährende Perfektionierung der Mittel, würde man das eigentliche Ziel nie erreichen. Die Technik als *brauchbares* Mittel zu einem genau bestimmten Zweck zu vereinnahmen würde folglich bedeuten, ihre Perfektionierung einzuschränken. Aber um die Oberhand über die gegen sie konkurrierenden Kräfte zu gewinnen, muß jede Kraft, die unter Konkurrenzbedingungen auf die Verwirklichung eines Zieles ausgerichtet ist, notwendigerweise immer mehr Energien auf die Perfektionierung ihrer Mittel – also der Technik – konzentrieren, von der sie ja den Sieg erhofft. Und dabei muß sie umgekehrt der eigentlichen Verwirklichung des Zieles Energien entziehen. *Der Zweck wird zum Selbstzweck.*

IX. Die Perspektive des 21. Jahrhunderts: Vom Mittel zum Zweck

Wir haben gesehen, daß die Technik, die sich endgültig von der Unterwerfung unter die traditionellen Kräfte des Abendlandes befreit, nicht mehr nur ein Mittel ist. Sondern sie wird selbst zum Zweck. Das Ziel, das die Technik dabei verfolgt, ist – so hat es sich gezeigt – die Fähigkeit zur unendlichen Vermehrung der Fähigkeit, Ziele zu verwirklichen. Nachdem das Wesen jeder menschlichen „Ethik" in dem Bündnis mit einem übergeordneten Sein liegt, das als Macht und daher als höchstes Gesetz angesehen wird, in dem der Mensch die vollste Verwirklichung seiner selbst erkennt, und nachdem deshalb die höchste Tugend des Menschen in diesem Bündnis mit dem ihm Übergeordneten liegt, führt uns die Herrschaft der Technik in eine Zeit, in der das höchste Gesetz jenes Sein sein wird, in dem die höhere Macht der Technik triumphiert – und in der die höchste Form der Tugend das Bündnis des Menschen mit dieser höheren Macht der Technik sein wird.

Die Unausweichlichkeit dieser Perspektive führt dazu, daß die Zukunft, wie sie zum Beispiel von Heidegger in seinen Interpretationen des Zeitalters der Technik noch im 20. Jahrhundert in Aussicht gestellt wurde, nicht zur Verwirklichung kommen wird. „Weitaus beunruhigender als die Tatsache, daß die Welt sich in eine totale Kontrolle der Technik verwandelt", schrieb Heidegger, „ist es, daß der Mensch eigentlich in keinster Weise auf diese radikale Änderung der bisherigen Welt vorbereitet ist."

Aber eine solche Aussage der „Vorbereitung" impliziert bereits die Zustimmung der Technik, daß der Mensch ihrer Herrschaft aus einer Art Beobachterposition gegenübersteht. Sie impliziert weiters, daß der grundsätzlich in einer Eigenständigkeit stehende Mensch in seinem primären Zustand von der Technik frei ist und aus einer eigenen Quelle schöpfen kann, die es ihm möglich macht, sich auf die totale Beherrschung durch die Technik vorzubereiten und ihr womöglich entgegenzutreten und sie zurückzudrängen. Für Heidegger ist diese Quelle der Eigenständigkeit des Menschen das „denkende Denken", im Gegensatz zum „berechnenden Denken". Das „denkende Denken" ermöglicht auch eine „Gelassenheit gegenüber den Dingen".

Folgt man meinen Ausführungen und ihrer Logik, dann wäre Heideggers Gelassenheit gegenüber den Dingen letztlich unvermeidlich eine Gelassenheit gegenüber dem Anderswerden. In Wirklichkeit ist aber auch das „denkende Denken" immer bereits ein Bestreben, *die Welt zu verändern* – in Heideggers Beispiel ein Bestreben, im Hinblick auf die Produkte der Technik zu verhindern, daß diese unser Dasein plündern, zerstören, durcheinanderbringen, verwüsten, daß die Technik die Oberhand gewinnt. In Heideggers Auffassung kann zwar das Sein für sich genommen keine unüberwindbare Grenze für was auch immer sein. Aber die Freiheit, es zu schützen, ist dem Menschen möglich. In Wirklichkeit ist diese Freiheit aber, wie ich gezeigt habe, dennoch wiederum nur eine Variation des menschlichen Willens zur Macht, der versucht, sich der Technik entgegenzustellen und sie auf den Rang eines einfachen Instruments für seine eigenen Ziele zu beschränken.

In der Denkweise der Modernitätskritik des 20. Jahrhunderts wird die Technik noch als gesondertes Bereitstellen von Maschinen und Produkten verstanden, die grundsätzlich und in ihrem Seinsstatus außerhalb der „menschlichen" Dimension stehen und nichts mit dem Wesen des modernen Denkens zu tun haben (das sich ihnen folgerichtig gegenüberstellen kann).

Aber in Wirklichkeit – so die Erkenntnis des beginnenden 21. Jahrhunderts – stellt die Technik, gerade weil sie die Welt unter ihre eigene totale Herrschaft stellt, auch den Menschen unter ihre Kontrolle. Denn die von der abendländischen Tradition anerkannten, untereinander widersprüchlichen Formen des Menschseins können den unendlichen Willen zur Macht, zu dem die Technik potentiell werden kann, wenn sie sich mit dem Wesen des zeitgenössischen Denkens verbindet, nicht im Status eines einfachen Mittels verharren lassen. Sie müssen diesen Willen zur Macht für sich nutzen und geraten deshalb unter seine Kontrolle. „Unvorbereitet" auf die totale Herrschaft der Technik sind diese verschiedenen und gegensätzlichen Verständnisformen des Menschseins in der Tat. Aber nicht in dem Sinn, daß sie sich auf die technische Welt *vorbereiten* können oder nicht. Sondern in der Hinsicht, daß sie, wie sich herausgestellt hat, im 21. Jahrhundert dazu *bestimmt* sind, auf ihre Stellung als unüberwindbare Grenzsetzer gegen die Entfaltung der Technik zu verzichten.

Das Wesen des Menschseins – bestimmbar als Wille, Zwecke im Hinblick auf Ziele festzusetzen – ist in Wahrheit in der westlichen Zivilisation von Beginn an auf die radikalsten Veränderungen der Welt und auf die totale Herrschaft der Technik vorbereitet. Denn dieses Wesen erkennt gerade in diesen Veränderungen und in seiner damit erlangten Herrschaft seine volle Entfaltung, sein vollständiges Zu-sich-selbst-Werden. Noch einmal: das Wesen des Menschseins ist keineswegs eine Dimension, die außerhalb der Technik und von ihr verschieden ist. Das Wesen des Menschseins ist daher letztlich auch keine Dimension, die den Prozeß der technologischen Beherrschung der Welt, in den es involviert ist, aufhalten kann und will. *Vielmehr ist die Berufung des Wesens des Menschen zur Macht dieselbe wie die Berufung des Wesens der Technik selbst.*

Die unterschiedlichen Formen des Menschseins in der westlichen Tradition versuchten und versuchen zweifellos noch immer, der totalen Herrschaft der Technik Einhalt zu gebieten und ihre eigene Verteidigung zu organisieren. Diesen Versuch findet man auch noch in Heideggers Ausführungen. Wenn jedoch das möglicherweise gemeinsame Wesen des Menschseins nicht umhin kann, stets und ausschließlich in verschiedenen Formen zum Vorschein zu kommen, dann kann jede der damit verbundenen verschiedenen menschlichen Strategien gegen den Willen zur Macht der

Technik selbst nichts anderes sein als eine Form des Willens zur Macht. Und im Kampf zwischen den menschlichen Strategien des Willens zur Macht und dem Willen zur Macht der Technik wird der Wille zur Macht der Technik siegen.

Es ist eine Illusion, den Versuch zu unternehmen, sich gegen die Technik aufzulehnen, wenn man selbst im Prinzip auf der Basis jenes Machtwillens steht, der in der Technik seine vollkommenste und kompromißloseste Verwirklichung findet. Das Wesen des Menschseins besteht gewiß nicht *nur* aus dem Willen, die Welt bewußt anders werden zu lassen. Aber die Transzendenz des modernen Menschen besteht wesentlich in seinem Glauben, Wille zur Macht zu sein. Sie besteht in dem Glauben, daß die Tatsache des Anderswerdens der Dinge in der Welt und die Tatsache des Willens, dieses Anderswerden zu verwirklichen, Evidenzen sind, die von Anfang an außer Diskussion standen. Um die Illusionen und Gefährdungen dieses Glaubens aufzuzeigen, ist es endlich notwendig, die heute erreichte Selbstentfremdung des die abendländische Menschheitsgeschichte beherrschenden humanistischen Denkens bis in sein Innerstes sichtbar zu machen.

Salvatore Natoli

Technik und Apokalypse

Die Geschichte zeigt, daß der Mensch seit seinem Erscheinen in der Welt die eigenen Bedürfnisse stets durch den *Gebrauch von Naturdingen in Form von Werkzeugen* befriedigt hat. Gerade die Herstellung von Werkzeugen verweist auf die Grenze zwischen tierischen und menschlichen Fähigkeiten. Die Technik ist also nicht etwas *Fremdes* für den Menschen, sondern im Gegenteil gerade *seine Auszeichnung und sein Unterscheidungsmerkmal, sein ureigener und ursprünglicher Zug.*

Der Mensch hat sich, im Unterschied zum Tier, nicht *nur* durch Anpassung an die Umwelt entwickelt. Sondern er hat im Gegenteil die Umwelt *an sich* angepaßt, indem er sie zum eigenen Vorteil veränderte. Der Mensch ist das einzige Lebewesen, dem es gelungen ist, weitgehend unverändert zu überleben und sich dabei in seinen Funktionen ständig zu vervollständigen – sich in seinem Sein zu vollenden. Dies alles war nur möglich durch den Kunstgriff des Werkzeugs.

Dies genügt, um sagen zu können, daß der Mensch von Natur aus sozusagen ein künstliches Tier ist. Er ist derjenige, der im Unterschied zu den übrigen Lebewesen, und besser als diese, die Natur *gehandhabt* hat, um sie seinen Bedürfnissen zu beugen. Wenn ich „handhaben" sage, meine ich damit den ursprünglichen Sinn dieses Wortes: „mit Handgewalt zwingen". Daß der besondere Zug des menschlichen Geschlechts gerade in diesem Moment der Handhabung liegt, hat schon Anaxagoras bemerkt, als er schrieb, daß der Mensch deshalb das klügste aller Lebewesen ist, weil er Hände hat.

Indem aber der Mensch kraft der ihm eigenen Natur die übrige, „andere" Natur handhabt, treibt er sie über die Grenzen ihrer Möglichkeiten hinaus. Er tut ihr Gewalt an und entlockt ihr Dinge, die sie von sich aus nie hervorgebracht hätte. So gesehen ist die Technik eine Art von Tun, das etwas zum Sein bringt, das es ohne den direkten und schöpferischen Eingriff des

Menschen nicht geben würde. Eine solche schöpferische Art der Tätigkeit wird gewöhnlich *Zeugung* oder *Erzeugung* genannt.

I. Die Technik als Epoche der Welt

Weil aber dieses *Erzeugen* schon kraft Definition stets etwas *absolut Neues* erschafft, ist das, was erzeugt wird, in der Tat nicht *natürlich*, sondern eben erzeugt: es ist *künstlich*. Es besteht in diesem Zusammenhang kein Zweifel darüber, daß die Technik ein *Umwandeln* ist – denn aus nichts entsteht nichts –, doch ist sie vor allem ein *Hinführen zum Sein*. Von den zwei Arten von Erzeugung: Umwandlung und Hinführung zum Sein, besteht die Leistung der Technik vor allem in letzterer.

Das ist seit langem bekannt. Es war schon Aristoteles klar, als er im sechsten Buch seiner Nikomachischen Ethik (1140a 10-15) schrieb:

> „Gegenstand jeder Kunst *(téchne)* ist das Entstehen, das regelrechte Herstellen und die Überlegung, wie etwas, was sowohl sein als nicht sein kann, und dessen Prinzip im Hervorbringenden, nicht im Hervorgebrachten liegt, zustande kommen mag. Auf das, was aus Notwendigkeit ist oder wird, geht die Kunst so wenig, wie auf das, was von Natur da ist oder entsteht, da derartiges das bewegende Prinzip in sich selber hat."

Die Technik ist also ein Erzeugen im Sinn eines „Hervorbringens", eines „zum Sein Bringens" von Dingen, die ohne den bestimmenden Eingriff des Menschen nie in der Natur erscheinen würden. Wenn dem so ist, dann *entnaturalisiert* der Mensch in seinen Zeugungs- oder Erzeugungsakten stets die Natur. Er betrachtet diese einzig und allein als einen zu verwandelnden Stoff. Er läßt sie sozusagen nur als reine Ausgangsmaterie gelten. Die Technik treibt also den Menschen dazu, mit der Natur wie mit etwas Bestellbarem umzugehen.[1] Dieses kann verwendet werden und steht ihm nach seiner Willkür zur Verfügung.

Durch eine Technik, die sich selbst im wesentlichen so verstand, konnte der Mensch nach und nach die Ketten der Bedürfnisse lockern, die ihn

---

1   „Indem der Mensch die Technik betreibt, nimmt er am Bestellen als einer Weise des Entbergens teil." M. Heidegger, *Vorträge und Aufsätze*, Pfullingen 1954, S. 22.

einengten. Daher ist die Technik eigentlich ein Kind der Notwendigkeit. In Bezug auf diese Notwendigkeit stellt sie sich vom Anfang an als *Mittel zum Zweck*, aber auch als *Entdeckung* dar – als Entdeckung nämlich, die stets etwas *Neues* betrifft, das als solches die bestehende Notwendigkeit aufweicht. Aus diesem Gesichtspunkt behält wiederum Aristoteles recht, wenn er schreibt, daß Kunst und Zufall dieselben Dinge betreffen. In der Tat ist die Téchne „ein Habitus, etwas mit wahrer Vernunft hervorzubringen [...] bei Dingen, die sich so und anders verhalten können" (Nikomachische Ethik, 1140a 20-23).

Der Mensch ist demnach bereits einmal seit seinem Ursprung ein künstliches Wesen. Und die Technik hat sich gleichzeitig mit dem entwickelt, was wir Zivilisation nennen. Zweifellos wäre diese heutige Zivilisation ohne die Technik nicht das, was sie ist. Worin besteht nun aber genau das „Neue" an der Technik, auf dem man heutzutage so eingehend insistiert? Es hat bisher schon sehr viele Epochen der Welt gegeben. Doch nie zuvor hatte die Technik derart den Zeitgeist geprägt, noch nie derart ein Zeitalter gekennzeichnet und einen Zeitraum bestimmt. Heute spricht man geradezu vom Zeitalter der Technik. Die Formulierung ist, an den Jahrhunderten gemessen, alles in allem neu. Und es ist nicht gesagt, daß sie von langer Dauer sein wird. Aber wir müssen uns fragen, warum es so gekommen ist. Warum sprechen wir gerade jetzt vom Zeitalter der Technik? Welches sind die Gründe dafür?

Im Lauf des 19. Jahrhunderts feierte die Technik schon ihre Festtage, und ihre Erfolge fingen an, normal zu werden. In jener Zeit wurde sie der Wissenschaft bis zur gänzlichen Einverleibung angegliedert. Die Verbindung „Wissenschaft und Technik" wurde zum geflügelten Wort. Das beweist unter anderem die Benennung vieler Museen. „Wissenschaft und Technik" wurde zum untrennbaren *Hendiadyoin*, das seinen Ursprung legitimatorisch aus dem Zeitalter der Aufklärung nahm, in welchem der Geist der Entdeckung und der Zauber der Erfindung dominierend waren. Nicht zufällig war für die Aufklärung die hervorragende Metapher die des Lichtes: die Vertreibung der Finsternis, die fortschreitende Erhellung der Welt durch die Erkenntnis. In diesem philosophischen, kulturellen und sozialen Umfeld – man denke nur an Comte – waren die Techniken so etwas wie eine primordiale Umsetzung in die Tat dessen, was der Geist entdeckte. So etwa in Gestalt der stets neuen und immer besseren Gerätschaft, durch die sich das

Licht der Erkenntnis wie eine Umwandlungsmacht auf die Welt auswirkte. Wissenschaft, Technik und Politik – auch letztere immer mehr als Technik verstanden – waren die großen Arme, durch die der moderne Mensch glaubte, zu seiner durchgehenden Verselbständigung zu gelangen. Kraft der Bewegung dieser Arme strebte er die Emanzipation des Menschen an sich, oder genauer – in der damaligen Ausdrucksweise – gesagt: der Menschheit an. In dieser Sichtweise stand die Technik als die wirkende Gestalt der Wissenschaft da, oder auch als deren „andere" Gestalt: als ihre Anwendungsseite. Und als solche wurde sie auch gefeiert.

Und in der Tat ist es gerade der Einsatz des technologischen Apparates, der den Königsweg darstellt, auf dem die *Wissenschaft* im 19. Jahrhundert immer mehr zur *Welt* wird. Gemäß dem Wirkungsgrad dieses Apparates, und auf dem Stand des durch ihn hervorgebrachten Gemeinsinns wird man dann zeitweise sogar dazu neigen, die Beleuchtung – einmal mit Gas und dann mit Elektrizität – als die Verwirklichung des abstrakten Lichts der Erkenntnis zu schätzen und zu preisen. Die Technik ernüchtert dergestalt die Wissenschaft im gleichen Augenblick, in dem sie dieselbe zur Welt macht. Denn die Auswirkungen und Vorgänge beginnen blendender als die Ideen zu sein, wenn auch Gegenideen noch nicht in Sicht sind.

In dieser zwielichtigen Stimmung, die bereits das 19. Jahrhundert erfüllt, fehlt das Unbehagen nicht – von Leopardi zu Baudelaire –, doch wir sind hier noch weit entfernt von jener „Kritik der instrumentellen Vernunft", die sich im Lauf des zwanzigsten Jahrhunderts innerhalb der verschiedenen *Kulturen der Krise* herausbilden wird.

Schon am Beginn der Moderne erblickte Francis Bacon in der *Wirkung* und technischen *Anwendung* eines Wissens dessen eigentliches Wahrheitskriterium. Diese Überzeugung hat er in seinem bekannten Wort *Scientia est potentia* zusammengefaßt. Der Beweis für die *Wahrhaftigkeit* der Wissenschaft konnte somit seit Bacon nur in der *Technik* erbracht werden.

Zugleich mit Bacons Feststellung stellte sich die Wissenschaft gerade in ihrer technischen Entfaltung tatsächlich immer mehr als praktische Macht heraus. Sie wurde gerade durch ihre praktischen Ergebnisse und ihre technischen Umformungen des Wirklichen zur „Bestimmung" des Abendlandes.

Die umfangreichen Erfolge der Technik haben vor den Augen der Mehrheit den Menschen aber letztlich das wahre, *sich schrittweise umkehrende*

Verhältnis zwischen Wissenschaft und Technik verschleiert und somit die fortschreitende Einverleibung der Wissenschaft in die Technik gefördert. Die Technik ist mit Fortschritt der Zeit immer mehr alleine geblieben. Sie hat den Mittelpunkt des Schauplatzes erobert. Daraus folgte die unvermeidliche Abwertung jener Rolle der Wissenschaft, die sie als kritisches Wissen und als Nährboden der Aufklärung begreift, zugunsten ihrer praktischen, „handhabenden" Seite in Gestalt der Technik. Bei dieser Verwandlung nun ist die Technik zur mythischen Maske der Wissenschaft geworden, vielleicht sogar zu deren Fälschung. Denn in Gestalt der Technik hat sich eine bestimmte Teilseite der Wissenschaft nach und nach als uneingeschränkte Macht der Handhabung und daher als bedingungslose Herrschaft über Menschen und Dinge herausgestellt.

Die Wissenschaft hat, kraft ihrer Ergebnisse, die Entfaltung eines technologischen Imaginären begünstigt, das häufig ihre eigene Wirklichkeit im abendländischen Entwicklungsgang verdunkelt hat: ihre Unausgeglichenheit bezüglich der wissenschaftlichen Zirkeltatsache, daß man immer weniger *weiß*, je mehr man *kennt*. Dabei ist diese wissenschaftliche Zirkeltatsache die Grenze, an die die abendländische Wissenschaft den Menschen stets jenseits des augenblicklichen Erfolges ausliefert.

Daher war es nur folgerichtig, daß die Faszination der technischen Ergebnisse zuletzt sogar die Wissenschaft selbst zugunsten einer Art von neuer *Mythologie der Allmacht* in den Schatten gestellt hat, mit gerade so viel Wahrheit und Fabel, die jedem Mythos eigen sind, in dem sich Schrecken und Rettung miteinander verbinden. Die Technik hat heute endgültig die Metapher des Lichtes abgelegt, welche der Wissenschaft des 19. Jahrhunderts eigen war, um sich mit der Aura einer allmächtigen, unpersönlichen und blinden Macht zu bekleiden, die imstande ist, die Welt uneingeschränkt zu manipulieren.

Doch ist die Technik wirklich eine solche Macht, wie sie die Fabel der Allmacht am Beginn des 21. Jahrhunderts zeichnet? Ich glaube es nicht. Doch es ist bekannt, daß jede Fabel immer ihre eigene Wahrheit beinhaltet. Es kann gewiß verschiedene Antworten geben, doch über eines besteht kein Zweifel: darüber, daß die Technik kraft ihrer wachsenden Macht die Zivilisation, in der wir leben, unter ihre Herrschaft gebracht hat. Und daß sie zu deren eigentlichem inneren Maß geworden ist. Unser Zeitalter fühlt sich eingefügt und festgehalten innerhalb dieser Macht, es fühlt sich gerettet und zugleich verdammt durch sie. Es versteht sich selbst und bezeichnet sich selbst auch als „Zeitalter der Technik", da es in der Technik den *Horizont seiner letzten Bestimmung* erblickt.

Heidegger sagte einmal, daß das innerste Wesen der modernen Technik in der *Selbstsetzung* und *Durchsetzung* liegt. Das Herrschen ist Teil ihrer Bestimmung. Doch die Gefahren, die die Technik dem Menschen und *dem Menschlichen an sich* bringt, hängen nicht so sehr von ihren Maschinen oder Apparaten ab. Sondern sie hängen davon ab, *daß die Technik den Menschen in seinem Wesen ergreift.* „Die Herrschaft der Technik", so schrieb Heidegger, „droht mit der Möglichkeit, daß dem Menschen versagt sein könnte, in ein ursprünglicheres Entbergen einzukehren und so den Zuspruch einer anfänglicheren Wahrheit zu erfahren."[2]

Die Technik stellt also eine Gefahr dar, nicht so sehr wegen dem, was sie verwirklicht, und auch nicht so sehr wegen der Folgen, die sich daraus ergeben – sondern weil durch die Technik *der Mensch vor sich selbst verborgen* wird. Die Technik hält ihn im Horizont der Herrschaft fest, der ihr einziges Blickfeld und ihre einzige Möglichkeit ist. Ich möchte hier nicht im einzelnen auf die Stellungnahme Heideggers eingehen, noch auf das, was er als „ursprünglich" bezeichnet. Ich möchte nur aufzeigen, unter welchen Bedingungen die Technik, die seit jeher als praktisch gilt, zu einem *Zeitalter* – zu *unserem* Zeitalter – geworden ist.

Im Lauf des 19. Jahrhunderts hatte sich die Technik schon klar als eine wachsende, zunehmend eigenständige Macht der Handhabung herausgestellt. Dies deshalb, da es auf jener Entwicklungsstufe der Geschichte erstmalig möglich geworden war, schnelle Neuerungen, eine Menge von Veränderungen *gleichzeitig* einzuführen – und zwar, verglichen mit vorhergehenden Zeiten, *in kurzen Zeiträumen.*

Dies alles ließ sichtbar, greifbar und unmittelbar die aus der Vereinigung von Wissenschaft und Technik hervorgehende Verwandlungsmacht erscheinen. Die vollzogenen Veränderungen muteten damals, insbesondere im Gegensatz zu der unmittelbar vorausgehenden romantischen Vergangenheit, wie ein Wunder an. So notiert Benjamin in seinem Passagen-Werk einen

---

2   Heidegger, a.a.O., S. 32.

Satz von Gutzkow: „Der Postwagen sprengt am Seinequai hinauf. Ein Blitz-strahl zuckt über den Pont d'Austerlitz. Der Bleistift ruhe!"[3] Und Benjamin kommentiert:

> „Die Austerlitzbrücke war eine der ersten Eisenkonstruktionen in Paris. Mit dem Blitzstrahl darüber wird er zum Emblem des hereinbrechenden tech-nischen Zeitalters. Daneben der Postwagen mit seinen Rappen, unter deren Hufen der romantische Funke hervorsprüht. Und der Bleistift des deutschen Autors, der sie nachzeichnet: eine großartige Vignette [...]."[4]

Die technische Wissenschaft begann im 19. und frühen 20. Jahrhundert mit ihren gewaltigen Neuerungen und ihren nicht vorauszusehenden Erfolgen, den *Untergang der geistigen Welt* endgültig herbeizuführen. Oder, besser gesagt, *sie machte den Geist überflüssig*. Sie machte ihn zu etwas, was bloß „hinter der Welt" steht, um es mit Nietzsche zu sagen. Zugleich, in ähnlicher Lage und aus demselben Grund, ließ die wissenschaftliche Technik die *schwerste Materie geistig werden*. Die Intelligenz verkörperte sich in der Maschine als das Geistige in den Dingen, und sie beseelte diese (wie nicht nur Marx sehr bald erkannte). Benjamin, dem diese Entwicklung ebenfalls nicht entgeht, richtet sein Augenmerk auf eine Anmerkung von Meyer, die sich auf den Bau des Eiffelturms bezieht:

> „So schweigt hier die plastische Bildekraft zugunsten einer ungeheuren Spannung geistiger Energie, welche die anorganische stoffliche Energie in die kleinsten, wirksamsten Formen bringt und diese miteinander in der wirksamsten Weise verbindet [...] Jedes der 12 000 Metallstücke ist auf Mil-limeter genau bestimmt, jede der 2,5 Millionen Nieten [...] Auf diesem Werkplatz ertönte kein Meißelschlag, der dem Stein die Form entringt; selbst dort herrschte der Gedanke über die Muskelkraft, die er auf sichere Gerüste und Krane übertrug."[5]

Aus diesen Zeilen geht mit ungewöhnlicher Klarheit hervor, wie die Technik sich schrittweise nicht nur als unaufhaltbare, sondern vor allem als *geistige*

---

3 W. Benjamin, *Das Passagen-Werk*, Bd. 1, Frankfurt/M 1982, S. 212.
4 Ebda.
5 Ebda., S. 223.

Macht herausstellt – als diejenige Kraft, die imstande ist, die ganze Welt zu *vergeistigen.*

Als geistige Kraft ist die Technik vornehmlich *Erneuerung*, also *Neuheit.* Verbrauchen und Zerstören werden in ihr zur *conditio sine qua non* für das Zeugen und Erzeugen. Aus der Sichtweise dieser ihr innewohnenden permanenten Erneuerung und Neuheit hat nichts, was da ist, eine Berechtigung erhalten zu werden. Nichts ist es wert, fortzudauern. Die Technik entwickelt eine *eigene, neue Form der Vergeistigung. Der Geist, der die Dinge belebt, ist nun fern davon, dieselben aufzubewahren oder zu erhalten. Im Gegenteil: er löst sie fortwährend auf.* Und genau das ist der Hauptgrund, weshalb innerhalb der Ideologie des Fortschrittes, die weitgehend von der zunehmenden Identität von Wissenschaft und Technik gekennzeichnet ist, angesichts der zunehmenden Einheit und Gleichzeitigkeit von Zeugung und Auflösung Angst und Unbehagen zu keimen beginnen. Dieses Unbehagen entstammt unterschwellig einer Stimmung, einem Klima, das Benjamin in Baudelaire wahrnimmt, der „genötigt war, die Würde des Dichters in einer Gesellschaft zu beanspruchen, die keinerlei Würde mehr zu vergeben hatte. Daher die *buffonerie* seines Auftretens."[6] Und „der *spleen* ist das Gefühl, das der Katastrophe in Permanenz entspricht."[7]

Neben den unzweifelhaften *Vorteilen*, die sie bringt, verursacht die Technik als verwandelnde geistige Kraft also auch unvermeidliche *Übel.* Das Unbehagen, das zwischen dem Ende des 19. und dem Beginn des 20. Jahrhunderts erst von wenigen empfunden wurde, nahm dann im Verlauf des 20. Jahrhunderts nach und nach die Form immer allgemeinerer und stärkerer *Besorgnis* an. Einer Besorgnis zwar, die in sich paradox erscheint, sofern der moderne ebenso wie auch noch der „postmoderne" Mensch sich doch gerade der Technik anvertraut, um eine größere Sicherheit zu erlangen. Doch als tendenziell unbegrenzte Macht erscheint die Technik *heute* in der Lage, der menschlichen Sicherheit *entgegengesetzte* Zweckbestimmungen zu entwickeln, die zerstörerisch wirken. Heute, am Beginn des 21. Jahrhunderts, scheint die Technik den Nimbus des Ordnenden, den sie im 19. Jahrhundert hatte, endgültig eingebüßt zu haben, und sie wird immer häufiger

---

6   Ebda., S. 428.
7   Ebda., S. 437.

mit *Gefahr* verbunden. Gleichzeitig kann aber niemand auf ihre Vorteile verzichten. Daher befinden wir uns, ob wir es wollen oder nicht, in einem unvermeidlichen, offenbar unentwirrbaren Teufelskreis.

II. Vom Zeitalter der Technik zur Technik als Problem der Zeit

Diese Koordinaten vorausgesetzt, scheint es mir nun allerdings zu allgemein und daher nicht sehr aufschlußreich, die Gegenwart einfach als „Zeitalter der Technik" zu bezeichnen. Dieses Wort ist ein *unterbestimmter Begriff* gegenüber den epochalen Vorgängen, die es zu beschreiben beabsichtigt. Meines Dafürhaltens stellt sich die Jetztzeit eher als „Zeitalter des Risikos" dar. Mit diesem Ausdruck wird ihre innere Dimension besser und näher bestimmt.

Es gibt heute viele, die diese Meinung teilen. Die Moderne hat im Lauf ihrer Entwicklung ihr Selbstverständnis immer ausschließlicher im Fortschritt gefunden. Doch der Fortschritt unserer Zeit mündet im heutigen Menschen in ein Meer von Unsicherheit. Die Wahrnehmung dieser Veränderung im Status des Fortschritts rät, wenn auch nicht zur *Verabschiedung*, so doch zur *Ergänzung* einer abgestandenen Formulierung, die nun so allgemein geworden ist wie die vom „Zeitalter der Technik". In der Moderne wurde die Technik wahllos einerseits mit Fortschritt, andererseits zunehmend mit Gefahr in Verbindung gebracht. Ich erachte es als schwierig, sie von der Zweideutigkeit zu lösen, die sie auf diese Weise kennzeichnet, gleichzeitig Rettung und Überheblichkeit, Gewinn und Risiko zu sein. In dieser Zweideutigkeit gibt es etwas, das sich mit einer gewissen Klarheit abzeichnet: *die einseitige moderne Auffassung von Fortschritt ist schrittweise abgenutzt worden – und mit ihr die Wahrnehmung der Technik als Ursache und Triebkraft für die Verselbständigung des Menschen.*

Die Bezeichnung „Fortschritt" ist zum geschichtlichen Begriff geworden, als die verschiedenen Erfahrungen der Zeit vereinheitlicht und in dieselbe Richtung gesteuert werden konnten. Die Auffassung von Fortschritt als unitarischem und allgemeinem Geschehen setzte sich erst dann durch, als alle Einzelfortschritte zu einem gemeinsamen und durchgängigen Ergebnis zusammengefaßt werden konnten. Die einzelnen Fortschritte trugen nun zur Weiterentwicklung der Geschichte bei – und zwar bis zu dem Punkt, an dem die Geschichte begann, selbst nicht anders denn als Fortschritt denkbar zu sein. Der Fortschritt wurde dadurch zur wirkenden Kraft seiner selbst. Er machte sich selbst zu seinem Objekt. Wandlung der Geschichte und Fortschritt wurden zu ein und derselben Angelegenheit.

Aber jene Auffassung der Technik, die einst so eng mit der Auffassung des Fortschrittes verknüpft war, wird heute auf neue Weise bestimmt. Sie wird zunehmend mit dem in Verbindung gesetzt, was man gemeinhin als *Katastrophe* bezeichnet. Doch was ist eine Katastrophe? In welchem Zusammenhang kann so ein Begriff im Hinblick auf die innere Verwandlung der Gegenwart angewandt werden?

Ich bin der Meinung, daß Katastrophe heute mindestens in *zweifacher* Weise verstanden werden kann. In der gängigen Bedeutung des Wortes ist sie verwandt mit *Zusammenbruch*. Nach einer Katastrophe bleibt nichts mehr übrig, zumindest nichts Brauchbares. Das griechische Verb *katastrepho* bedeutet nämlich „bis ins Letzte abwickeln", oder auch „zu Ende führen". Man kann zweifellos aus Erschöpfung oder aus Verwirrung enden. Ein Ausgang wird allgemein als *katastrophal* angesehen, wenn er von Verwüstung und totalem Desaster gekennzeichnet ist.

Doch die Bezeichnung Katastrophe hat auch noch eine andere und genauere Bedeutung. Sie will *auch Umwälzung* heißen, und zwar im Sinn von *Kursänderung* oder *Wende*.[8] Katastrophe bedeutet, so verstanden, nicht einen Übergang ins Nichts. Sie ist vielmehr gleichbedeutend mit einer tiefgreifenden Veränderung. Offensichtlich ist jede Veränderung ein Formwechsel. Das bringt jedoch nicht mit sich, daß all dasjenige, was sich verändert, seine frühere Identität gänzlich einbüßt. Unter der Bezeichnung Katastrophe kann man also einen *nicht nahtlosen Übergang* verstehen, der sich ergibt, wenn ein System über mehr als einen stabilen Zustand verfügt, oder wenn es mehr als einen stabilen Alternativkurs einschlagen kann. Die Katastrophe ist der Sprung von einem Zustand in einen anderen, oder auch von einem Verlauf in den anderen. Katastrophe bedeutet also streng

---

8 Im Griechischen hat das Wort *strepho* unter anderem auch die Bedeutung *drehen*, und zwar im Sinne von „das Steuerrad drehen" oder auch „das Steuer herumreißen", „den Blick wenden", „die Pupillen herumdrehen".

genommen nicht *Ende*, sondern *Formänderung*, wohl auch Wiederanpassung. Jedenfalls gibt es eine Katastrophe, wenn das, was sich verändert, durch *Unwiderruflichkeit* gekennzeichnet ist.

Der „katastrophale" Übergang ist aber in einer gewissen Weise *zusammenhanglos*. Dies nicht deshalb, weil zwischen dem anfänglichen Zustand und dem darauffolgenden Zustand Zwischenzustände oder Durchgänge fehlten. Sondern deshalb, weil keiner von diesen Zuständen oder Durchgängen *stabil* ist. Der Übergang ist, gemessen an der Zeit seines Verbleibs in dazwischenliegenden Phasen, nur von sehr kurzer Dauer.

Es ist klar, daß jede Form oder Gestalt eines Etwas sich in einem größeren oder kleineren Gleichgewichtszustand befinden kann. Dort, wo das Gleichgewicht geringer ist, befindet es sich an einem Punkt der Unbestimmtheit oder eben der möglichen Katastrophe, der unweigerlich eine Formänderung folgen wird. Diese Formänderung ist jedoch nicht ein bloßer Sturz von der Ordnung in die Unordnung. Sondern sie ist eine *Ordnung durch Schwankung*, aus der nach und nach dasjenige emporsteigt, was wir, im übertragenen Sinne, heute so gerne als *das Neue* bezeichnen.

Der Naturwissenschaftler Prigogine schrieb dazu einmal:

„Die Frage der Stabilität steht in engster Beziehung zu dem Auftreten von Neuheiten. Kein System ist, im Verhältnis zu all seinen möglichen Veränderungen, beständig. Jedes System ist eine unendliche Geschichte."[9]

Halten wir hier die Analogie zur Technik fest. *Wenn ein Zeitalter einen hohen Instabilitätsgrad erreicht, tritt es aus sich heraus. Es fällt jedoch nicht ins Leere.* Das Ende der Moderne zum Beispiel erlaubt es nicht, die Geschichte einfach weiter als Fortschritt aufzufassen. Doch deswegen wird der Zeitbegriff an sich nicht abgeschafft. Und auch die Geschichte an sich nicht. Sie stellt heute nur die Bedingung für eine *andere* Erfahrung der Zeitlichkeit dar, für ein *anderes* Zusammentreffen von Vergangenheit, Gegenwart und Zukunft.

Es ist bekannt, daß die Technik heute einander entgegengesetzte, in sich widersprüchliche Zweckbestimmungen entstehen läßt. Dabei ist klar, daß in dem Augenblick, in dem die Vorteile die Schäden nicht mehr ausgleichen

---

9   I. Prigogine u. a., *La nuova alleanza. Metamorfosi della scienza*, Torino 1981, pp. 170-191 (Übersetzung R. B.).

können, die Technik nicht mehr als eine *Lösung* erscheinen, sondern sich als *Problem* herausstellen müßte. Wir sind noch nicht auf dieser Entwicklungsstufe angelangt. Doch wir sind nahe daran. Wir gehen nämlich derzeit von der Technik als *euphorischer* Bezeichnung eines Zeitalters zur Technik als Bezeichnung einer *schwierigen Aufgabe* unseres Zeitalters über. Die Selbstsetzung der Technik, die dazu führt, zu handeln um des bloßen Handelns willen, ist seit einiger Zeit nicht mehr selbstverständlich. Die einander entgegengesetzten, in sich ambivalenten Zweckbestimmungen der Technik stellen gerade „jene Unaufhaltsamkeit des Einsetzens von Mitteln" in Frage, die Heidegger 1953 als den nicht überschreitbaren Horizont der Gegenwart bezeichnete.[10]

Die Technik zwingt uns im Licht des Risikos, das sie untrennbar mit sich führt, neue und unbekannte Fragen auf. Während einer Konferenz im Jahr 1953 verweilte Heidegger gerade in diesem Zusammenhang die längste Zeit bei Hölderlins berühmtem Vers:

Wo aber Gefahr ist, wächst
Das Rettende auch.

Ich weiß nicht, ob es eine Rettung gibt. Und ich weiß auch nicht, in welcher Hinsicht man heute überhaupt noch davon sprechen kann. Mit Sicherheit weiß ich aber, daß die Technik diese Rettung nicht verleiht. Sondern sie beschränkt sich darauf, den allgemeinen Wohlstand zu erhöhen, soweit ihr das eben möglich ist.

Zugleich ist es mittlerweile im Sinn des Hölderlinschen Verses eine allgemein verbreitete Feststellung, daß die Technik in der Tat in ihrer ständigen Weiterentwicklung die Gefahr für das Menschliche erhöht. Doch wenn die Technik ursprünglich, wie wir gesehen haben, aus der Not hervorgegangen ist und sich als glaubwürdig nur deshalb erwiesen hat, weil sich herausgestellt hat, daß sie Lösungen für konkrete Probleme liefern kann – wird sie dann auf Dauer ihre Glaubwürdigkeit behalten können, wenn sie im selben Augenblick, in dem sie die *Lösungen* anbietet, auch bereits die aus und mit diesen Lösungen entstehenden *Gefahren* mit sich führt?

---

10 *Die Frage der Technik* ist ein Vortrag, den Heidegger am 18. November 1953 im Auditorium Maximum der Technischen Universität in München hielt.

Das Zeitalter der Technik ist gewiß keine Frage mehr – wir sind schon mitten darin. Es ist auch nicht das Zeitalter, sondern die Technik *als solche*, die Fragen aufwirft. Und keine geringen. Wenn aber die Technik *als solche* zum Problem wird, dann geht es nicht so sehr darum, daß wir uns mit ihr messen. Sondern vielmehr ist sie selbst es, die ihr Maß sucht, die verlangt, von uns abgemessen zu werden. Was aber heißt: *Von uns? Von wem?*

Ich würde mich einer typisch menschlichen Leidenschaft schuldig machen, wenn ich mit diesem Wort meinte: von *dem Menschen*. Ich zweifle daran, daß *der Mensch* das Richtmaß der Technik sein kann. Ich glaube, daß ich richtiger liege, wenn ich sage, daß die Technik Maß und Grenzen eher als in *dem* Menschen *in ihren eigenen Unwahrscheinlichkeiten* findet. In der Tat führt die Technik gegenüber den Lösungen, die sie liefert, zugleich – in einem mittlerweile mehr oder weniger besorgniserregenden Maß – Probleme herbei. Diese entstehen dadurch, daß sie sich ständig *von sich aus* über die eigenen Grenzen hinaus begibt. Und es ist in diesem Prozeß zweifellos nicht mehr der Mensch, der die Technik über ihre Grenzen hinausführt oder auch, umgekehrt, sie in dieser Hinsicht einschränkt. *Es sind ihre eigenen Mißerfolge bei der Grenzüberschreitung, die ihr Maß darstellen.* Dies ist eine Tatsache, die uns mittlerweile ganz deutlich und offenbar als Wirklichkeit umgibt.

Wenn dem aber so ist, dann ist es nur folgerichtig, daß *der Mensch* – welcher Mensch eigentlich? – auch nicht mehr das ausgewiesene Ziel der Wissenschaft ist. Die Wissenschaft ist aber trotz dieses scheinbaren Verlustes zielgerichteter, als man denkt. Um zwischen Erfolgen und Mißerfolgen zu unterscheiden, muß sie sich Ziele setzen. Und in der Wahl der Ziele sind die Vorteile des Menschen keine irrelevante Variable. Trotzdem wäre es humanistisch banal anzunehmen, es gäbe noch eine *Technik im Dienste des Menschen*, indem man den Menschen als eine gesonderte und unabhängige Wesenheit versteht.

Wenn es richtig ist, daß es keinen *homo faber* gibt, der nicht zugleich ein Mensch wäre, dann stimmt es im selben Maß auch, daß allein der Mensch ein *faber* ist. Jemand wird hier gewiß sofort einwenden: ja, aber der Mensch ist eben nicht *nur faber*, er ist auch etwas anderes. Lassen wir es auf sich beruhen. Einstweilen ist gewiß, daß, *wenn heute die Technik in geradezu ursprünglicher und fundamentaler Weise in die Definition des Menschen eindringt, der Mensch umgekehrt unausweichlich immer stärker in die Definition der Technik hineinkommt. Die Begriffe von Technik und Mensch bestimmen sich immer stärker gegenseitig.*

Wo aber das Sich-Durchsetzen der Technik aufgrund ihrer Selbstsetzung zur Gefahr wird, zur unaufhebbaren Heterogenität der Zwecke, zur Möglichkeit des totalen Versagens – was kommt dann zum Vorschein? Wie erscheint dann die Welt? Welche Färbung erhält sie im Zeitalter des fundamental ambivalenten Risikos?

Ich glaube, erst ein *solches* Fragen verknüpft die *Technik* wahrhaft mit der *Apokalypse*, in der wir gerade durch ihr Wirken bereits stehen. Das Wort *Apokalypse* ist eben nicht gleichbedeutend mit *Zerstörung*. Es bedeutet auch das, doch seine ureigene Bedeutung ist noch mehr: *Enthüllung*. Die apokalyptische Offenbarung, die wir in der Geschichte der Religionen und in der engeren theologischen Bedeutung des Begriffs finden, spielt zwar auf solche Enthüllung an – aber im Sinn einer *Vollendung*, eines *Endgültigen. Nach* der Apokalypse, so diese Vorstellung, gibt es keine Geschichte mehr: diese kennt das Weitere nicht, da sie das Trennende zwischen dem Ende – dem endgültig Vergangenen – und der Vollendung ist.

In unserem sich vervollkommnenden Zeitalter des Risikos hat die Technik in der Tat ebenfalls irgendwie mit einem *Ende* zu tun. Sie verwirklicht es einerseits, andererseits deutet sie erst darauf hin. Inwiefern?

Unser Risiko-Zeitalter verwirklicht in bestimmter Weise ein Ende, da es gewissermaßen die Technik *als Zeitalter* archiviert. Das Zeitalter der Technik ist nun ein *vollendetes*: es ist etwas geschichtlich Erworbenes, Irreversibles, und daher also auch in gewissem Sinn bereits *Verabschiedetes*. Vor der Gegenwart der Technik kann man nicht mehr zurück gehen in andere Zeitalter. Eine Rückkehr in die Zeit vor der Technik ist unmöglich. In diesem Sinn ist die Technologiefeindlichkeit nur eine Art Terror, der falsche Ängste nähren will, um diese Ängste zu lenken und es in gewissen Fällen einigen zu ermöglichen, einen Nutzen aus ihnen zu ziehen. Dies alles wird als in sich dialektisches Gesamtgeschehen zugleich auf technologische (also überspitzte) Art und Weise den Menschen durch die Medien offenkundig gemacht.

Was entsteht als Wirkung, als Eindruck dieses Ganzen? Dies: *die Technik kann nur noch fortschreiten*. Niemand kann sie aufhalten. Was ihr jedoch *nicht* gelingen wird, das ist, die Grenzen an sich *abzuschaffen*. Sie kann diese nur ins Unendliche rücken. Doch sie kann sie nicht zunichte machen. Die Technik kann nicht zum Gott werden. Sie kann niemals die *Aktualität alles Möglichen zugleich* sein. Und schon gar nicht kann sie die *complexio oppositorum*, die Allmacht in sich selbst sein.

Als Beweis dafür genügt es, zu sehen, wie die Errungenschaften der Technik im selben Augenblick, in dem sie unsere Möglichkeiten erweitern, uns sofort und gleichzeitig vor immer schwierigere Entscheidungen stellen. Jede neue Erfindung oder gefundene Lösung wird unmittelbar zur schwierigen Aufgabe. Sie stellt uns von sich aus in Alternativen hinein: denn von ihrem Punkt aus muß jeweils eine neue Auswahl der Ziele erfolgen, Entscheidungen müssen neu gefaßt, Interessen neu eingestuft werden. Einige Forschungsansätze müssen gestrichen, andere stärker gefördert werden. Und je gewaltiger die *Enthüllungen*, das heißt die Apokalypsen der Technik sind, umso größer sind auch die *Wirkungen* der sich aus ihnen ergebenden *Ambivalenzen*. Je größer aber die Wirkungen, umso verwickelter, und in manchen Fällen dramatischer, sind die *Entscheidungen*. Es ist nicht auszuschließen, daß die technische Wissenschaft in ihrem weiteren Fortschreiten im 21. Jahrhundert Entdeckungen machen wird, die so eindeutig sind, daß sie keine Gegenindikation hervorrufen. Seit geraumer Zeit ist die Wissenschaft zum Beispiel auf der Suche nach einer sauberen Energie. In dem Augenblick, in dem diese gefunden wäre, würde das Szenarium der Welt so grundlegend verändert werden, daß es schwierig ist, sich die Folgen vorzustellen. Aber vorläufig stehen die Dinge anders: ambivalenter.

Einst waren die Entdeckungen der Technik nur Anlaß zum Triumph. Das 19. Jahrhundert hat es uns gezeigt. Die Schäden, die zugleich herbeigeführt wurden, wurden durch die Vorteile, die diese Apokalypsen der Technik mit sich brachten, mehr als ausgeglichen. Man denke nur an das Kommunikationswesen, an die Entwicklung des privaten Konsums und der Dienstleistungen. *Heute aber lauert das Risiko gerade dort, wo das Beste und Reinste zu liegen scheint.* Denken wir nur an das Klonen. Dieses stellt keine technische Herausforderung mehr dar. Es ist möglich. Und die möglichen Vorteile, sei es was die Verhinderung wie auch die Therapie von Krankheiten angeht, sind riesig. Doch wie weit kann diese Technologie gehen? Ist sie im Kern nicht ein zuletzt simplifizierendes Vorgehen, das der Vielfalt der Arten – im buchstäblichen Sinn – *nach dem Leben trachtet*? Schließt das

Klonen nicht Zufallslösungen immer mehr aus der natürlichen Auslese aus –
und macht sie also ärmer, statt sie zu bereichern? Unter welchen Bedingungen und innerhalb welcher Grenzen ist es also angebracht, diese Technologie anzuwenden?

Sehr oft wählt man in unentscheidbaren Situationen eine begrenzte
Anwendung der Technologie und bringt durch ihre kontrollierte Erprobung
die Frage nach ihrer Sinnhaftigkeit auf den neuesten Stand. Man versucht,
zu kontrollieren. Und doch hat es den Anschein, als ob jede gefundene Lösung sich sofort in eine *unabsehbare* Aufgabe umwandelt. Als der Mensch
das Feuer entdeckte, hat er sicher nicht allzulange mit der Entscheidung
gewartet, ob es besser sei, zu frieren oder sich zu wärmen. In einer ein-
dimensionalen Gesellschaft mit niedrigen Ansprüchen hat sich die Technik
problemlos und mit nur begrenzt schwierigen Entscheidungen rasch weiter-
entwickeln können. In einer vielschichtigen und komplexen Gesellschaft
aber kehrt jede Lösung als Aufgabe wieder.

Betrachtet man die Dinge aus dieser Sicht, dann wird einem klar, daß die
Technik unter den Bedingungen der Komplexität eigentlich ständig von
ihren eigenen Ergebnissen aus dem Felde gedrängt wird – und sich daher
unvermeidbar ständig über sich selbst hinaus stellen muß. Um es in einer
etwas veralteten Sprache auszudrücken: die Technik ist in ihrem innersten
Wesen dadurch gekennzeichnet, *daß sie nie zum Abschluß ihrer selbst gelangen kann.* Doch was sich nicht *abschließen* kann, obwohl es eine per-
manente Öffnung in Richtung neuer Möglichkeiten darstellt, kann sich auch
nicht als im engeren Sinn *folgerichtig* begreifen. Andererseits ist die technologische Neuerung trotz ihrer Geschwindigkeit immer schon *in Verzug*
gegenüber den verschiedenen Anhäufungen und Zusammenballungen von
Menschen, die in dem Raum der Welt mannigfach verteilt sind und in einer
dauernden Zeitenfolge erscheinen – die allesamt geboren sind, um sehr
schnell wieder zu vergehen, und für die die Idee einer immer offenen und
immer besseren Zukunft aus dem einfachen Grund überflüssig ist, weil sie,
obwohl diese Zukunft doch durch die Hilfe der Technik in großer Geschwindigkeit herankommt, in ihren letzten Manifestationen für die zeitlich
begrenzten und nur allzu vergänglichen Anforderungen der Menschen doch
immer *zu spät* eintreffen wird. Um dieses Motiv zu verstehen, denke man
nur an die Völker, die von Krankheit und Hunger geplagt sind, und an das

unermeßliche Universum der Not, das die Hochburgen des Wohlstandes umgibt. Kommt die Technik hier nicht immer zu spät? Und dasselbe gilt im Hinblick auf *das Beste* der Technik, das doch kraft ihrer eigenen Dynamik in der Zukunft liegen muß. Wir selbst haben es nie, es wird immer erst kommen.

Die Dynamik der Moderne hat mit der Idee der Selbstbehauptung des Menschen übereingestimmt. Das heißt, sie hat übereingestimmt mit der unaufhaltsamen Selbstvervollkommnung des modernen Menschen. Sie hat übereingestimmt mit der Überzeugung einer möglichen, vollkommenen Verwirklichung *des* Menschen hier auf Erden. Doch was bedeutet Selbstvervollkommnung *des* Menschen? Betrifft es das Sich-Durchsetzen der *Menschlichkeit des Menschen* in *jedem einzelnen* Menschen? Und wenn dem so ist, welche Position nimmt dann die konkrete Selbstverwirklichung des *Einzelnen* in diesem zuletzt universalen Verlauf ein? Steht vielleicht etwa gar der Einzelne auf der einen Seite und das Allgemeinmenschliche *der* Menschen auf der anderen Seite? Oder besteht zuletzt die Sublimierung jeglichen Lebens in der Abstraktion der *Menschheit*?

Aus solchen Gedanken ergibt sich eine Spaltung zwischen dem Schicksal der menschlichem *Einzelwesen* und der Entwicklung der menschlichen *Art*. Es ergibt sich eine unausmerzbare Asymmetrie der Geschichte. In ihr bleibt das, was in dieser Geschichte dauernd und unaufhörlich als Einzelnes *hinscheidet*, unvermeidlich *als Einzelnes* unerlöst.

Eine Spannung solcher Art ist allerdings nicht eine Neuigkeit von heute. Sie erscheint schon an den Anfängen der Moderne, und zwar vor allem bei Pascal. Pascal, Mensch der Moderne und dennoch gläubig, hatte bereits sehr genau begriffen, daß der unaufhaltsame Fortschritt im Lauf der Zeit für den Menschen in seiner Eigenschaft *als Einzelwesen und als unwiederholbare Einzigartigkeit* unwichtig ist. Denn der Fortschritt des Ganzen trägt nicht den Sieg über den Tod des Einzelnen davon. Wer stirbt, kann den Erfolg des Fortschritts letztlich nicht messen. Daher ist der Zugang zur Unendlichkeit der Technik in der Zeit unmöglich. Nur der Mensch kann das Unendliche erreichen, wenn er sich diesem hingibt. Nur der Individualität ist die Seligkeit sicher.

Welche Stellung denn das Leben der Einzelnen im Fortschreiten der Menschheit haben könne, ist eine Frage, die auch Goethe mit großer Genauigkeit aufwarf, und zwar gerade zu dem Zeitpunkt, als die Ideologie des Fortschritts bereits unwiderlegbar erschien. In einem seiner Briefe an Schiller (vom 21. Februar 1798) schrieb er:

> „Die Natur ist deswegen unergründlich, weil sie nicht ein Mensch begreifen kann, obgleich die ganze Menschheit sie wohl begreifen könnte. Weil aber die liebe Menschheit niemals beisammen ist, so hat die Natur gut Spiel, sich vor unsern Augen zu verstecken."[11]

Heute, nach dem Ende der Moderne, bleibt uns eine letzte (versteckte) Gottheit übrig: die Technik. Doch über die Technik zu argumentieren, ist eine Abstraktion, die noch abstrakter ist als die Abstraktion der Menschheit. Was hat es für einen Sinn, in großen Tönen den technologischen Fortschritt über die Maßen zu rühmen, solange noch Menschen aus Fleisch und Blut sterben und, so groß der technologische Fortschritt auch sein mag, auch weiterhin wahrhaftig sterben werden. Man wird sich sagen: *Na und? Was soll diese ganze Technik?*

Also gibt es offenbar etwas *Unüberholbares*, das die Technik hinter sich läßt, soweit sie auch fortschreiten mag. Das Fortschreiten der Technik, zu welchem Stand sie sich auch immer entwickelt, wird den Menschen nämlich niemals von seiner *Endlichkeit befreien*. Sie wird ihn im Gegenteil ihr immer mehr und immer ausschließlicher *ausliefern*. Denn die Technik ist nicht imstande, Endliches in Unendliches zu verwandeln. Sie kann immer nur den Zustand der Endlichkeit, in den Menschen und Gestalten eingeordnet sind, in verwandelter Weise wiederherstellen.

Andererseits: wäre der Mensch von seinem Sein her nicht in der Endlichkeit eingebunden, dann wäre er auch nicht ein *homo faber*, und die Technik würde sich in seinem Dasein als gänzlich unwesentlich erweisen. Und sie würde auch gänzlich unwesentlich werden, falls man sich einen *homo felix atque immortalis* vorstellen könnte, nur um einen gedanklichen Versuch anzustellen. Falls so ein Mensch erzeugbar wäre, würde sich die Technik augenblicklich selbst entmachten. Diese ad absurdum geführte Betrachtung dient dazu, zu beweisen, in welcher Weise und warum die Technik den

---

11 H.-G. Gräf (Hg.), *Der Briefwechsel zwischen Schiller und Goethe in 3 Bänden*, Band 2 (1797–1805), Leipzig 1912, S. 57.

Menschen stets in seine eigenen Grenzen zurückführt – und zurückführen *muß*.

Omnis determinatio est negatio. Daß jede Bestimmung, da sie in sich festgelegt ist, bereits ein Zu-Ende-Sein bedeutet, war schon den Griechen und Römern bekannt. Die Neuheit unserer Zeit besteht nicht so sehr in der Entdeckung der Grenze des Menschen, der Natur oder der Geschöpfe, welche immer sie auch wären. Sondern sie besteht in der Tatsache, daß es einmal eine Zeit gegeben hat, in der diese Grenze vor allem *passiv* ertragen wurde. Sie stellte sich vorwiegend als unüberwindlich, aufgezwungen dar. Heute hingegen ist diese Grenze vor allem vom *aktiven Tun* geprägt. Der Mensch ist aufgefordert, sich tätig in die Grenze hineinzustellen, sie sich aktiv aufzubürden, anders gesagt: die Möglichkeit des Bestehens zu ergreifen und die Kontingenz zu meistern. Hatte einst der Gehorsam die Überhand über die Verantwortung, so gilt heute genau das Gegenteil: die Menschen müssen bewußt die eigene Last auf sich nehmen. *Sie sind also unbestreitbar mächtiger geworden, jedoch deshalb nicht allmächtig.*

Die Erfolge der Technik sind nunmehr etwas Erworbenes – es ist durchaus normal geworden, sich solche Erfolge immer wieder von neuem zu erwarten. Aber was die Technik zur Zeit als Neues und Unvorhersehbares kennzeichnet, ist die Tatsache, daß sie plötzlich unentwirrbar mit der Gefahr verbunden zu sein erscheint. So gesehen hat die Technik in der tiefgehendsten Weise etwas mit dem *Ende* zu tun. Sie zeigt sich als *Möglichkeit des Mißgeschicks*: als Möglichkeit umfangreicher Schäden, die in viele Richtungen hin irreversibel sind. Die mittlerweile aus Erfahrung bekannten Gefahren lassen, obgleich sie bislang unter Kontrolle sind, die Welt, in der wir leben, im Raum des Unwahrscheinlichen erscheinen, und hüllen sie in eine Aura von Unsicherheit.

Doch der Furcht vor der Gefahr, der Angst vor der Ungewißheit ist eine ganz neue und einzigartige Angst hinzuzufügen: die Angst, die aus dem *Ergebnis* erwächst, die also durch jene Erfolge selbst gefördert wird, welche immer als zu gering, als unzureichend im Verhältnis zu dem Wuchern der Wünsche erachtet werden.

Die Jetztzeit schwebt deshalb über dem Abgrund. Von der Moderne ist vieles unerledigt geblieben, doch der Unterschied zwischen modern und zeitgenössisch liegt gerade und vor allem in der Wahrnehmung des *Unwägbaren*.

Darin liegt die echte Inkommensurabilität zwischen Moderne und Postmoderne. *Das Offene vor uns ist nicht die Ankunft des Fortschrittes, sondern die Grenzenlosigkeit der Zukunft, die Unbestimmtheit.* Diese Grenzenlosigkeit zwingt den zeitgenössischen Menschen immer konsequenter zu ständigen *Grenzgängen.* Man steht nie mit den Füßen auf dem Erdboden, man befindet sich dauernd auf der Grenzlinie, wo die Ziele unklar werden. Doch dort, wo die Ziele in der Jetzt-Konzentration des Grenzgangs verschwinden, kann es vorkommen – und es kommt sogar sehr oft vor –, daß unbekannte Formen der *Unbefriedigtheit* oder der *Ungeduld* Fuß fassen.

Der untergegangene moderne Mensch blickte auf die Zukunft im Zeichen des Fortschrittes. Er konnte das tun, da er erprobte, wieviel an Notwendigkeit sich auf welche Weise erübrigte. Der zeitgenössische Mensch hingegen ist oft unbefriedigt, weil er das, was er erreicht hat, stets als zu wenig erachten muß im Verhältnis zu dem, was er gerne erreichen würde. Und das bereitet ihm ein dauerndes Unbehagen. Ein solches Unbehagen hat es bisher nie gegeben, zumindest nicht in diesem Ausmaß. Früher kamen die Unbilden von der Notwendigkeit her, und die Technik war das Mittel, wodurch man sie am besten bewältigen konnte. Bis zu einem gewissen Grad ist das auch heute noch so. Doch wie steht es mit den Gefahren, von denen wir gesprochen haben?

Die zeitgenössische Gesellschaft ist auf dem besten Weg, mit dem letzten der ihr noch übriggebliebenen Fortschrittsmythen aufzuräumen: eben mit der Technik. Doch dies bedeutet keineswegs den Zerfall des *technologischen Imaginären.* Im Gegenteil, dieses beginnt noch stärker zu werden, indem es sich mit *Ungeheuern* bevölkert. Das ist im Risiko-Zeitalter auch unausweichlich. Denn jeder geschichtliche Abschnitt erzeugt eine Fabelwelt, die ihm entspricht, die irgendwie mit ihm übereinstimmt. Die Gesellschaft des Risiko-Zeitalters nährt *apokalyptische* oder *paradiesische* Trugbilder. Sie ist geradezu verzaubert von der globalen Vernetzung – oder auch in dieser gefangen.

Wissenschaft und Technik sind jedoch an sich selbst in Wahrheit überhaupt nicht mythisch. Die Wissenschaft wirkt – und die Forscher wissen es – unter Bedingungen der Ungewißheit, und ihre Errungenschaften, die man nicht leugnen kann, sind immer *bedingt.* Wenn es ein Wissen gibt, das sich mehr als jedes andere stets auf der Grenzlinie befindet, so ist es das der Wissenschaft. „Alle wissenschaftliche Erkenntnis", schreibt Feynman,

„ist ungewiß. Die Forscher sind es gewohnt, mit dem Zweifel und der Ungewißheit zusammenzuleben. Diese Art der *Erfahrung des Ungewissen* ist wertvoll, meines Dafürhaltens auch über die Wissenschaft hinaus. Denn beim Angehen einer neuen Situation ist es auch im normalen Leben notwendig, die Tür für das Unbekannte offen zu lassen – die Möglichkeit im Auge zu behalten, nicht genau zu wissen, wie die Dinge liegen. Andernfalls könnte es sein, daß es uns nicht gelingen wird, angemessene Lösungen zu finden."[12]

Was konkrete Ergebnisse bringt, erweckt oft den Anschein des Wunders – besonders bei denen, welche die den Ergebnissen vorausgehenden Vorgänge nicht kennen. Es wäre gut, wenn unsere gegenwärtige Zeit endlich damit aufhörte, die Wissenschaft mit dem *Imaginären eines Heils* zu identifizieren und anfänge, sie nüchtern als eines der angemessensten Hilfsmittel gegen Notsituationen anzusehen – als brauchbare, wenn auch nicht als einzige Waffe, um gegen die *Unwägbarkeiten des Seins* gewappnet zu sein. Diese Unwägbarkeiten aber überragen die Wissenschaft um vieles. Auch das sollten wir uns endlich vergegenwärtigen.

Die Technik ist kein leerer Wahn. Ihr gegenüber erscheinen alle anderen Begriffe und Ideen als vergänglich. Wenn man als Wahrheitsbeweis nur die Ergebnisse der Konkretion annimmt, dann verzeichnet die Technik viele Proben ihrer Wahrheit. Ab einem bestimmten Punkt der Moderne hat sich unter dem Gesichtspunkt eines solchen Wahrheitsverständnisses alles in Technik verwandelt: die Politik ist zur Technik geworden, die Wirtschaft wurde ebenfalls eine Technik.

Doch hier von *Wahrheit* zu sprechen, ist vielleicht übertrieben. Ich würde mich darauf beschränken, *Wirksamkeit* zu sagen. In der Tat ist das Schlüsselwort der gegenwärtigen Zivilisation das Wort *Leistungsfähigkeit*. Die Moderne hat den *übersinnlichen* Begriff des *Heils* in den *sinnlichen* des *Wohlstands* umgewandelt. Warum sich dies ereignet hat, sei dahingestellt. Es sei nur festgestellt, daß es so ist. Doch in dem Augenblick, der der unsere ist, in dem Zeitmoment, in dem die *Idee* des Fortschritts *abhanden* gekommen ist, kann es kein wirkliches *Fortschreiten* mehr geben, nicht einmal im technologischen Sinn. Es kann höchstens ein *Vorrücken* stattfinden. Doch wohin?

---

12 R. P. Feynmann, *Il senso delle cose*, Milano 1999 (Übersetzung R. B.).

Das ist nicht klar. Worauf es ankommt, ist zur Zeit nur, daß man besser lebt. In diesem Sinn darf sich die Technik nicht zu viel des Guten anmaßen. Sie kann nur *helfen*. Wenn sie nicht nur hilft, wenn sie das Helfen überschreitet und anderes will, dann *täuscht* sie. Und in der Tat: sie spielt derzeit gleichzeitig *zwei Rollen*, beide wirksam, doch nicht in gleichem Maß berechtigt.[13]

III. Vielseitigkeit und Risiko

In den Gesellschaften des Altertums hatte der Einzelne begrenzte Tätigkeitsbereiche. Es handelte sich damals um soziale Ordnungen, in denen die Hierarchien sehr stark ausgeprägt und die Abhängigkeiten bestimmend waren. Hierarchien und Abhängigkeiten waren aber nicht lediglich als Unterdrückung gedacht, sondern sie wurden der Ordnung wegen praktiziert. Auch heute noch befreit der Gehorsam den Zeitgenossen sehr oft von der Angst. Man denke nur an die weitgehende, wenn auch unterschiedliche Nachfrage nach *Rezepten*. Die Moderne hat in ihrem Verlauf einen immer weitgehenderen Aufspaltungsprozeß in Gang gebracht. Auf die Kritik an ihr als einheitlicher Instanz folgte die Gliederung der Gesellschaft in fachkundige Untersysteme, welche nicht aufeinander zurückzuführen sind: die Untersysteme des Rechts, der Politik, der Bildung, der öffentlichen Meinung und so weiter. Da sie nicht aufeinander rückführbar sind, sind sie auch jedes für sich unersetzbar geworden. Die zeitgenössische Gesellschaft ist in jeder Hinsicht *vielfältig* und *pluralistisch* geworden.

Die damit verbundene soziale Aufgliederung hat weite Spielräume für die gemeinsame ebenso wie die persönliche Handlungsfreiheit geschaffen. Sie hat – mehr als in der Vergangenheit und trotz Verspätungen und

13 Was die Produktion von Selbsttäuschungen betrifft, so sind wir heute bei lächerlichen technischen Widersinnigkeiten angelangt. Für alles gibt es eine Pille. Wenn wir eine gute sexuelle Tätigkeit auch in vorgerücktem Alter behalten wollen, genügt eine Pille. Wenn wir deprimiert sind, keine Frage – eine Pille. Wenn wir uns fürchten oder Angst haben, können wir eine Pille nehmen. Diese verschiedenen Mittel – unabhängig von ihrer Wirkung, die sie innerhalb gewisser Grenzen auch haben können – zeigen etwas höchst Bezeichnendes an. Die *Zukunfts*-aussicht des zeitgenössischen Menschen besteht darin, die eigene *Gegenwart* so gut wie möglich zu gestalten.

Rückschlägen – die *Einbindung* des Einzelnen in das Ganze erhöht. Doch hat sie zugleich die *Transparenz* dieses Ganzen für den Einzelnen um vieles vermindert.

Transparenz ist allerdings selbst ein mythischer, weitgehend *erbaulicher* Begriff. Dies umso mehr wegen der Tatsache, daß in der zeitgenössischen Gesellschaft der Ausschluß des Einzelnen von Mitentscheidung nicht mehr so sehr vom *Recht* als vielmehr von der *Information* her erfolgt. Und der unterschiedliche Informationsgrad liegt seinerseits nicht in einer *Verhinderung* des Zugangs zu den Quellen der Information – die Menschen sind im Lauf der Geschichte noch nie so frei gewesen wie heute –, sondern in der mangelnden Fähigkeit, diese Quellen zu nutzen. Der Umfang der Information als Ganzer ist heute nicht mehr zu bewältigen. Und diese Nichtbewältigbarkeit ist nicht nur eine Frage der *Intelligenz* – das ist sie gewiß auch –, sondern vor allem der *Vielschichtigkeit und Vielseitigkeit* des Informatorischen. Diese Vielschichtigkeit und Vielseitigkeit hat den Vorteil, daß sie *offen* ist, aber auch den Nachteil, nicht *synthetisierbar* zu sein. Ein Beweis dafür ist die Tatsache, daß es unter den Nutznießern der Informationsnetze immer mehr Einzelne gibt, die ins Uferlose segeln, aber trotzdem wenig wissen – und auf der anderen Seite solche, die viel wissen, weil sie ihre Wanderung auf den Bereich einschränken, der sie am meisten angeht.

Je größer die Menge der verfügbaren Informationen ist, desto mehr werden einem die *Lücken des Wissens* und die *Mattheit der Welt* bewußt. Man kann sagen, daß die Technik den zeitgenössischen Menschen seine *Unzulänglichkeit* erfahren läßt, und zwar in eben demselben Maß, in dem die Fesseln der Not den Menschen des Altertums in die Abhängigkeit drängten. Das ist der Hauptgrund, weshalb ich seit einiger Zeit und mit Nachdruck für die mögliche Richtungnahme des Technikrätsels im 21. Jahrhundert einen Begriff vorschlage, den ich als *Ethik des Endlichen* bezeichne.

Die zeitgenössische Welt ist durch die Wucherung neuer Themenstellungen gekennzeichnet. Die Vervielfältigung der Möglichkeiten erhöht auch die Vielfalt und die Veränderlichkeit des Systems Welt. *Doch eine Welt mit ständig veränderlichen Koordinaten ist von vornherein offen, ungewiß und also gefährdet.* Zweifellos, die Menschen befanden sich immer in Situationen der Unsicherheit gegenüber der Zukunft. Doch das will nicht heißen, daß sie dieser Zukunft auch immer wie einem *Risiko* entgegengetreten sind.

Von *Risiko* beginnt man erst ab der langen Übergangszeit vom Mittelalter zum Beginn der Moderne zu sprechen.

Jedenfalls gestaltet sich im Lauf des modernen Zeitalters der Begriff Risiko in Analogie zum Hasardspiel. Dieser Begriff hat in der Moderne eine große Nähe zum Handel und zu den Seereisen. Die Schiffsversicherungen der frühen Neuzeit waren ein vorzeitiger Fall von moderner Risikoüberwachung.

Der Begriff Risiko entstand genau gleichzeitig mit dem Gedanken, daß einige Vorteile nur dann zu erreichen sind, wenn man Risiken in Kauf nimmt. Das Hasardspiel ist in seiner praktischen, nicht in seiner psychologischen Bedeutung in diesem Sinn beispielhaft: man spielt, um zu gewinnen. Freilich geht man dabei das Risiko ein, zu verlieren. Doch man kann letztlich viel mehr gewinnen als verlieren. Der Mechanismus des Riskierens besteht in der Aussicht auf Gewinn. Die Berechnung erfolgt aufgrund einer vorgreifenden Verlust-Gewinn-Bilanz.

Die Logik des Risikos verändert sich heute aber zusehends in Hinblick auf die wachsende Macht des Menschen. Kurz gesagt liegt der Unterschied zwischen dem Hasardspiel und dem Bau eines Kernkraftwerkes darin, daß ich im ersten Fall zwar alles verlieren kann; nur weiß ich dort, grob gerechnet, was ich verliere. Im zweiten Fall hingegen kann ich sehr viel gewinnen, doch bin ich dort nicht in der Lage, die Schäden, die aus meiner Entscheidung folgen, vorauszusehen. Sie könnten so gewaltig sein, daß sie nicht nur meine Startbedingungen *annullieren*, sondern diese sogar *ins Minus drängen* können, also *Regression* bewirken (etwa in Form irreversibler Vernichtung der Umwelt oder von Schäden, die den heute lebenden Völkern sowie den zukünftigen Generationen zugefügt werden).

Indem der Mensch nach und nach seine Herrschaft über die Natur erhöht, verändert sich aber zugleich auch seine *Erfahrung* mit dem Risiko. Für den Menschen des Altertums kam das Risiko vorwiegend *von außen*, aus der Unberechenbarkeit der Welt. Die Welt war ihm voller Gefahren. In der Welt des Altertums stimmte das Risiko tatsächlich mit der Gefahr überein. Damals war die Lage, in der sich der Mensch größtenteils befand, nicht so sehr die des Riskierens, als vielmehr des Gestelltseins in eine Risikosituation, des Preisgegebenseins an das *Andere* (das von ihm Verschiedene). Der Mensch des Altertums war, kurz gesagt, *ausgesetzt*.

Als der Mensch aber nach und nach die Natur beherrschen lernte, gelang es ihm, immer leichter den Schädigungen *auszuweichen*, die von dieser Natur für ihn ausgehen können. Gleichzeitig begann er aber auch, durch seine Entscheidungen selbst neue, andere, nicht naturbedingte Risiken *einzuführen*. *In der postmodernen Zeit der Technik nun muß derjenige, der etwas riskiert, nicht nur dem Rechnung tragen, was er zu gewinnen hat, sondern hauptsächlich auch dem, was er vermeiden soll, was keinesfalls geschehen darf.* Er muß – soweit möglich – mit den unvorhersehbaren Folgen seiner eigenen Entscheidungen rechnen. Aber auf welche Art?

Einst war das Risiko im Hinblick auf die eigene Sicherheit in Kauf zu nehmen. Heute hingegen ist die Sicherheit selbst in eine Risikosituation hineingestellt – gerade dann, wenn man *keine* Risiken auf sich nimmt, wenn man *nicht* ständig versucht, die eigene Lage zu verbessern. Wir sind gewiß nicht zum Risiko verurteilt. Doch können wir uns ihm in der heutigen Zeitlage nur bis zu einem gewissen Punkt entziehen.

In der gegenwärtigen Welt ist der Mensch nicht mehr so sehr den *natürlichen* Risiken ausgesetzt – obgleich dieselben nicht gänzlich auszuschalten und nicht vermeidbar sind. Sondern er ist vielmehr jenen Risiken ausgesetzt, die aus seinen *eigenen* Entscheidungen hervorgehen. So ist es offensichtlich, daß man heutzutage eher durch einen Autounfall als durch Malaria gefährdet ist.

Dafür entstehen aber auch ständig neue Krankheiten. Der Mensch der Gegenwart weiß, gleichsam wie der Mensch des Altertums, *daß es nie eine absolute Sicherheit gibt.* Doch weiß er auch sehr genau, daß ihn das Nichtstun keinesfalls von den Risiken enthebt. *Gegebenenfalls ist das Nicht-Treffen von Entscheidungen das Gewagteste und Gefährlichste, was es heute geben kann.*

In diesem Sinn schneidet zuletzt doch nur die ihn umgebende (technische) *Natur* immer tiefer in die Entscheidungen des Menschen ein, und nicht die menschliche Entscheidung in die Dinge der Natur. Und das bedeutet nun eben absolut nicht, wie man annehmen könnte, daß der Mensch allmächtig geworden wäre. Wenn es so wäre, würde er keinem Risiko mehr ausgesetzt sein. Im Gegenteil, *der heutige Mensch ist berufen, sich gerade kraft der ihm eigenen Steigerung und Verselbstung des Risikos mit seiner eigenen Endlichkeit auf verschiedenen Ebenen zu befassen*, die ebenso unterschiedlich wie unwahrscheinlich, das heißt noch nicht dagewesen sind. Um einer solch schwierigen Situation entgegenzutreten, braucht es wohl alles andere als ein labiles Denken. Außer, wenn *labil* einfach für *mobil* oder *offen* steht.

Über die Technik hat man im vergangenen Jahrhundert viel und Tiefgehendes gesagt, und man wird auch in diesem 21. Jahrhundert noch vieles sagen. Was mich angeht, so denke ich, daß nur eine *Ethik des Endlichen* imstande sein wird, wenn schon nicht über die Technik zu *siegen*, so doch wenigstens den technologischen Herausforderungen *bestimmt entgegenzutreten*, welche ja kraft ihrer Grundverfassung immer *bestimmbar* sind. Die Frage nach der Technik ist nicht mehr eine *allgemeine Aufgabe*. Vielmehr ist sie eine *Auseinandersetzung mit dem permanenten Ausnahmezustand*. Und das erfordert Sachverstand. Es wäre andererseits naiv naturalistisch und rückständig, alles Künstliche zu fürchten. Im Gegenteil: gerade das Künstliche gerät im Hinblick auf seine naherückende eigene Vollendung selbst immer mehr in Gefahr.

Das Risiko ist so gesehen nichts anderes als das Maß der Verantwortung. Es zwingt, je stärker es sich in der Welt als Prinzip verwirklicht, den Menschen immer mehr zur bewußten Annahme der eigenen Endlichkeit. Denn letztlich ist es immer der endliche Mensch, der entscheidet. Und er entscheidet stets am konstitutiven Scheideweg zwischen dem ihm Möglichen und dem Nicht-Möglichen.[14]

Die Aufgabe dieses Menschen besteht nicht mehr darin, die Geschichte zu lenken, sondern die Möglichkeit ihres Bestehens zu bewahren und die Kontingenz zu meistern. Es geht nicht mehr darum, dem geheimen Finalismus der

---

14 Die Technik ist in der hiermit umrissenen Dimension weit davon entfernt, Allmacht zu ermöglichen. Sie trägt nur dazu bei, die *Möglichkeit des Bestehens* besser zu bewältigen, der Unwahrscheinlichkeit der Welt besser die Stirn zu bieten. Aber auch in diesem Zusammenhang ist die Technik heute zweifelhaft geworden. Gegenüber einer feindlichen Natur war sie noch das probate Mittel zur Lösung aus Abhängigkeitsverhältnissen. Heute, da sie willkürlich zu jeder Zeit in den Lauf der Natur eingreifen kann, führt sie das *Risiko als Doppelköpfigkeit* ein. In dieser Lage setzt die Technik, wie wir gesehen haben, den Menschen umso mehr einer *Grenzerfahrung* aus, als sie selbst ausgebaut wird. Sie setzt den Menschen sogar so sehr aus, daß er dadurch gezwungen wird, sich dieser Aussetzung *bewußt* zu werden. Und im selben Augenblick, in dem uns die Technik ihrerseits durch neue Lösungen wieder von einer Grenzerfahrung befreit, zeigt sie uns nur, wie sehr wir durch sie eingeschränkt und von ihr abhängig sind.

technischen Tendenzen Folge zu leisten, sondern darum, aus der Lage, in der wir uns befinden, *erreichbare Ziele* auszuwählen.

Der moderne Mensch hat von Anfang an erkannt, daß *der Mensch* selbst kein *Ziel* ist. Die Gegenwärtigkeit *ruft* den *Menschen* vielmehr *auf*, als denjenigen, der sich *Ziele setzen* kann und muß. Selbst wenn die Welt keinen Sinn hätte, ist der Mensch jene Wesenheit, die erschienen ist, um ihr einen Sinn zu verleihen. Und selbst wenn es im Unendlichen für den Menschen streng genommen keine Möglichkeit gäbe, klare Ziele zu erkennen, liegt für den Menschen das Ziel in seiner Fähigkeit, aktiv unterwegs zu sein – darin, in der eigenen Durchreise zu wohnen. *Man muß es als moderner Mensch verstehen, sein Zelt im Vergänglichen aufzustellen.* Dies würde den Nihilismus grundsätzlich außers Spiel setzen.

Andererseits ist jeder Nihilismus nur das *andere Antlitz der Emphase des Absoluten.* Jedes System, ein lebendes System inbegriffen, kann man sich als ein Gefüge in einem offenen Raum vorstellen. Jedes System aber, das in einen offenen Raum gestellt wird, erfährt die Unruhen der Umgebung. In dieser Lage muß es, um zu bestehen, sich entweder der Umwelt anpassen oder aber dieselbe verändern. Dieser Zusammenhang, richtig verstanden, erlaubt es uns, zu behaupten, daß ein System – in diesem Fall ein rationales System, die wissenschaftsgestütze Technik – sich, um gegenüber den permanenten Veränderungen der Umwelt zu bestehen, den Bereich der *überhaupt möglichen* Veränderungen *vorstellen* können muß: der inneren wie der äußeren Veränderungen.

Das für das 21. Jahrhundert konstitutive Motiv, das hiermit anklingt, ist *das Virtuelle.* Das Virtuelle bildet unserem Universum angrenzende Weltbilder nach. Es berechnet die Unwahrscheinlichkeiten, denen es ausgesetzt ist, um ihnen im Falle eines Falles entgegenzutreten. Um die Kontingenz meistern zu können, muß der gegenwärtige Mensch die Fähigkeit zur Mutmaßung besitzen, ist es für ihn notwendig, *eine Logik gegen das Tatsächliche* zu entwickeln. Wie verändert sich meine Lage, wenn ich eine unbestimmte Veränderung zu einem gewissen Zeitpunkt einleite? Dieses Motiv wird zur Frage der Zukunft.

Es ist nicht meine Absicht, den sich an dieser Stelle eröffnenden, so weiten wissenschaftlich-philosophischen Horizont zu erforschen. Das wäre oberflächlich. Ich möchte nur betonen, wie das philosophische und ethische

Zentrum, das einem solchen Weltall der Zukunft entspricht, eben die *Ethik des Endlichen* ist. In dieser Hinsicht scheint mir ein alter lateinischer Vers wieder zeitgemäß zu werden, der lautet: *Carpe diem.* Doch kehrt er heute in einer gänzlich anderen Bedeutung als in der ursprünglichen wieder. In unsere Gegenwart gesprochen, läßt er sich *nicht* mehr wie gewohnt mit den Worten umschreiben: *Lebe in den Tag.* Heute bedeutet dieser Satz etwas Tieferes. Er ist meines Erachtens für das 21. Jahrhundert folgendermaßen zu übersetzen: *Werde Herr über die Möglichkeit des Bestehens; meistere die Kontingenz; trete dem Zufall entgegen.*

Der Zufall ist zu jedem Zeitpunkt als das Hier und Jetzt des Seins selbst gegenwärtig. Die *Herrschaft über die Möglichkeit des Bestehens und über die Kontingenz* hat nichts mit dem Rausch des Augenblicks zu tun. Das wäre eine falsche Auslegung. Gemeint ist: das Gefühl des eigenen Ausgesetztseins macht in fundamentaler Weise für die Zukunft offen. Dieses Gefühl kann nur in der Chiffre der Zeit erlebt werden. *Die Zeit selbst ist kraft Ausgesetztsein an das Risiko Verantwortung.* Das hat schon Nietzsche erfaßt, wenn er unter Richtigstellung des Denkspruchs des Horaz sagte: *nicht den Tag ergreife, sondern erst den Tag danach.* Der Mensch kann in der bloßen Gegenwart nur verglühen. Zum Leben braucht er die gleichursprünglich anwesende Dimension einer unbestimmten Zukunft. Um in dieser aber bestehen zu können, muß er sie sich irgendwie vorstellen. Anders gesagt: *Er muß es verstehen, ihr voraus zu sein, um in ihr zu wohnen.*

Franco Volpi

Technik, Humanismus und praktische Philosophie

Wir verfügen heute über ein *operatives Wissen*, das anscheinend besser, schneller und wirksamer als jedes andere Wissen unser Handeln zum Erfolg zu führen vermag. Es ist das *wissenschaftliche und technologische Wissen*, das sich durch seine rasanten Fortschritte als prinzipiell fähig erwiesen hat, jeden anvisierten theoretischen und praktischen Erfolg zu erzielen.

Seine Errungenschaften liegen deutlich auf der Hand. Zum wissenschaftlichen und technologischen Wissen greift der heutige Mensch bei jeder Gelegenheit, um Probleme aller Art zu lösen – um sein Handeln sowohl in der Mikro- als auch in der Makrodimension erfolgreich zu orientieren, um dessen Mittel und Ziele, dessen Regeln und Wahrscheinlichkeiten zu ordnen und zu planen. Kurzum, das technisch-wissenschaftliche Wissen ist in sämtliche Bereiche menschlichen Handelns eingedrungen. Es hat jeden Raum unseres Lebens erobert. Es erscheint uns heute als ein Wissen, auf das niemand mehr ernsthaft verzichten kann. Seine Entwicklung drängt sich mit einer Zwangsläufigkeit und Irreversibilität auf, die mit derjenigen biologischer Vorgänge vergleichbar ist.

In dieser Lage scheinen Versuche des Ausstiegs oder der radikalen Ablehnung der wissenschaftsgestützen Technik unpraktikable romantische Träumereien zu sein. Es geht auch nicht an, Wissenschaft und Technik – trotz mancher negativer Folgen – *insgesamt* abzulehnen. Vielmehr kommt es darauf an, zu ergründen, ob nicht noch unerschöpfte Kraftquellen vorhanden sind, aufgrund derer Wissenschaft und Technik im Rahmen *globaler Sinnerfahrungen*, in einem *identitätsbildenden Horizont aufgefangen und gemeistert* werden können. Das scheint eine zentrale Fragestellung der Gegenwart zu sein.

I. Die Lage des zeitgenössischen Denkens unter den Bedingungen der Technik

Welche Haltung hat das philosophische Denken, namentlich die praktische Philosophie, angesichts der ständig steigenden Herausforderung durch Wissenschaft und Technik eingenommen? Zunächst hat die philosophische Reflexion – so kann man generell sagen – Wissenschaft und Technik unter den Bann eines *fortschrittlichen Humanismus* gestellt. Diesem Humanismus lag eine prinzipielle *Unterscheidung zwischen Wissenschaft und Technik* zugrunde: Die Wissenschaft ziele auf Akkumulation und Zuwachs des Wissens, was in jedem Fall positiv sei. Die Technik dagegen ziele auf die praktische Anwendung dieses Wissens. Das wirft zwar das Problem der richtigen und guten Verwendung des Wissens auf. Aber die Technik enthält *als solche* keine Tücke oder Perversität. Ihr Wert hängt allein von ihrer *richtigen Verwendung* ab.

Wissenschaft und Technik stehen im humanistischen Zeitbewußtsein also zunächst auf der Seite des Kampfes *gegen* den Obskurantismus und die Entfremdung des Menschen, und *für* Aufklärung und Emanzipation. Sie tragen dazu bei, Prometheus aus seinen Fesseln zu befreien und dem modernen Menschen das gute Leben – oder jedenfalls ein besseres Leben als das naturhafte – zu gewähren. Im Rahmen dieses fortschrittlichen und optimistischen Humanismus ist das kritische Bewußtsein der vergangenen Jahrzehnte angesichts der rasanten Eigengesetzmäßigkeit der Entwicklung von Wissenschaft und Technik nicht sonderlich wachsam gewesen.

Doch die Stellung von Wissenschaft und Technik in unserer Welt hat sich in den letzten Jahrzehnten tiefgreifend verändert. Zunächst hinsichtlich ihrer *Bedeutung*. Wissenschaft und Technik erscheinen immer weniger einfach als Bestandteil unserer Welt unter vielen anderen. Sie sind immer mehr zu einer allgegenwärtigen, allenthalben wirksamen Macht und Kraft geworden, die vorherrscht und beinahe mit Ausschließlichkeit waltet. Technische Wissenschaft und wissenschaftliche Technik sind planetarisch geworden. Der sie treibende *Wille*, der sich nach dem Tod Gottes, der Krise der Werte, dem Verlust der Mitte und den vielfältigen menschlichen Schwundvorgängen des Nihilismus von jeglicher transzendentalen Bindung gelöst hat, ist weitgehend *autonom* geworden. Er hat die Macht und die Interventionsmöglichkeiten des Menschen gegenüber der Natur ins Äußerste vergrößert und zugleich ein Streben nach grenzenlosem Wachstum hervorgerufen.

Gewiß, diese Entwicklung hat eine wachsende Fähigkeit mit sich gebracht, die fehlerhafte Naturausstattung des Menschen – dieses „Mängelwesens", wie schon Herder bemerkte – auszugleichen. Aber sie ist heute auch mit der wachsenden Fähigkeit verbunden, das Wesen des Menschen zu manipulieren. Der Universalbegriff Mensch, die abstrakte Wesenheit, sein Gattungshaftes, über das einst die abendländischen Denker spekulierten, ist heute im Labor in Gestalt des Genoms als konkreter Gegenstand verfügbar, mit dem man beinahe beliebig operieren kann. Indem die von jeglicher transzendenten Einbindung gelöste Technik von sich aus keine anderen Grenzen mehr kennt als das technisch Mögliche, und sofern sie in diesem ihrem Recht, einen *ständigen Versuch des Möglichen* zu betreiben, von uns letztlich immer wieder geschützt wird, weil sie unsere individuelle und kollektive Freiheit unglaublich erweitert und steigert, droht die Technik zugleich den gerade durch sie möglich gewordenen und erschlossenen Freiheitsraum im selben Augenblick auch schon durch eine nihilistische Sinnleere zu verwüsten.

An diesem Punkt beginnen Wissenschaft und Technik erstmals in der Geschichte in einen grundsätzlichen *Konflikt* mit dem fortschrittlichen Humanismus zu geraten, unter dessen Schutz sie sich entwickeln konnten. Sie geraten namentlich in einen Konflikt mit der moralisch gefärbten Transzendenz der bisherigen Idee vom *universalen Wesen des Menschen*. Angesichts der neuen Manipulationsmöglichkeiten dieses Wesens ändert sich alles. Die bislang mehr oder weniger fröhliche Allianz von Wissenschaft und Technik einerseits und Fortschritt andererseits ist dahin. Die Machenschaften der immer stärker technisierten, sogar schon in der Grundlagenforschung manipulierend gewordenen Wissenschaft kontrastieren immer stärker mit dem traditionellen Humanismus. Die beschwichtigenden Formeln, zu denen man griff – etwa die Rede von den zwei Kulturen und dem *Bündnis* zwischen dem humanistischen Denken und dem technischen Wissen –, erweisen sich als leere Worthülsen.

Die kognitive Neutralität von Wissenschaft und Technik versteht sich demnach nicht mehr von selbst. Die mögliche Gefahr einer unkontrollierten

Selbstentfaltung der Technik wird inzwischen sogar schon auf der Ebene der sogenannten reinen Forschung – und nicht erst auf der der Anwendungen – gewittert, und es stellt sich die Frage, ob nicht gewisse Forschungen untersagt werden sollten.

Wenn also während des 19. und auch noch in der ersten Hälfte des 20. Jahrhunderts der Fortschritt des wissenschaftlichen und technischen Wissens weitgehend als förderlich für das „Fortschreiten der Menschheit zum Besseren" interpretiert wurde, so kommen heute allenthalben Zweifel an der Allianz zwischen technischem Wachstum und eigentlichem – das heißt humanem – Fortschritt der Menschheit auf. Denn wenngleich die Technik zweifellos imstande ist, uns immer mehr Mittel zur Weltbewältigung bereitzustellen, erscheint sie doch prinzipiell unfähig, menschliches Handeln und Leben insgesamt, also im Hinblick auf *letzte Zwecke*, zu orientieren. Das Bedürfnis, das Leben in eine Sinnperspektive einzuschreiben, ist ihr geradezu *prinzipiell fremd*. Gegenüber dem für unsere Endlichkeit typischen Bedürfnis, einen Grundstein, ein Endaxiom, eine sich selbst tragende Selbstverwirklichung zu besitzen, erweist sie sich immer mehr als ungeeignet – und darüber hinaus als grundsätzlich unethisch und asymbolisch. Ja, sie nagt mit der von ihr vollzogenen Entzauberung der Welt geradezu schon an der *Möglichkeit* solcher Perspektiven, an der *Äußerbarkeit von zentralen Grundfragen des Menschseins* überhaupt. Woher kommen wir? Wer sind wir? Wohin gehen wir? Diese Fragen werden von der Technik verdrängt.

Wir befinden uns daher in der heutigen Welt bezüglich der Orientierung unseres Handelns und Lebens in einer paradoxen Lage. Die wissenschaftlich-technische Rationalisierung hat einerseits zur Lösung unzähliger Einzelprobleme geführt. Aber andererseits erscheinen Wissenschaft und Technik immer mehr als etwas Vorletztes, das keine letzte Zielsetzung angeben kann, um menschliches Handeln und Leben als Ganzes zu orientieren.

Diese paradoxe Lage hat sich infolge der Grundlagenkrise und des Zerfalls traditioneller Bezugsrahmen theologischer, metaphysischer und ideologischer Art noch verschärft, deren Bestand und Gehalt die technische Rationalisierung unterminiert hat. Ein immer tieferes Gefälle öffnet sich zwischen dem *homo faber* und dem *homo sapiens*: zwischen dem, was der Mensch machen kann, und der Fähigkeit, vernünftig zu wählen und zu entscheiden, was zu tun sinnvoll ist. In einer Lage also, da die ständig wachsende Macht von Wissenschaft und Technik die Wirkwelt unseres Handelns erweitert – und zwar sowohl in der Makrodimension (man denke an die Nutzung der Kernenergie) als auch in der Mikrodimension (das Beispiel am Anfang des 21. Jahrhunderts sind die Manipulationsmöglichkeiten der Gentechnologie), angesichts einer Lage also, die im Prinzip eine *verbindlichere Orientierung* als den bisherigen Humanismus erforderlich machen würde, verfügen wir nicht einmal mehr über die bisher bestehenden Bezugsrahmen und Sinnressourcen. Unser Orientierungsvermögen wird immer schwächer und unsicherer. Wissenschaft und Technik haben eine *totale Mobilmachung* der Welt in Gang gesetzt, die jedes traditionelle Gleichgewicht und jede Ordnung bedroht. Angesichts der durch Wissenschaft und Technik beschleunigten Destabilisierung klafft eine beispiellose *Orientierungsleere* auf, in der der heutige Mensch zwischen der erschreckenden Natürlichkeit seiner Affekte und der theoretischen Endlosigkeit seines Räsonnierens hin und her getrieben wird.

In dieser Lage herrscht heute allenthalben die Tendenz, zu *Kompensationen* zu greifen. Man glaubt im allgemeinen, sie bei einem Wissen zu finden, das man als ein der Wissenschaft und Technik entgegengesetztes Wissen ansieht – nämlich beim traditionellen humanistischen Wissen von Kunst, Literatur und Geisteswissenschaften. Daneben kommen auch wieder Rettungsverheißungen religiöser, mystischer und esoterischer Art auf.

Das humanistisch-philosophische Denken findet sich daher in die Wahl zwischen zwei entgegengesetzten Möglichkeiten hineingestellt. Es kann entweder eine *technophile* oder eine *arkadische* Haltung einnehmen. Es kann sich entweder in die parasitäre Dienststellung einer *ancilla technologiae* unterwerfen – oder aber ein Kompensationswissen betreiben, dessen man sich zwar als einer Ersatzbefriedigung erfreut, das aber in sich blutleer und ohnmächtig ist.

Wenn aber die Philosophie wirklich auf die Frage nach der Orientierung des individuellen Handelns unter den Bedingungen der universalen Herrschaft der Technik antworten möchte, so kann sie sich nicht darauf beschränken, Technophilie oder Kompensationswissen zu sein. Sie muß etwas anderes, Drittes versuchen. Um dies überzeugend zu machen, möchte ich im folgenden so vorgehen:

1. Zunächst werde ich zeigen, wie sich im Lauf der technischen Entwicklung auch das Selbstverständnis des „praktischen" Handlungswissens in

der Neuzeit verändert hat. Ich werde aufzeigen, daß die Konzeption des traditionellen humanistischen Wissens, das dann zum Wissen der Geistes- oder Kulturwissenschaften wird, aus dem *gleichen Horizont* hervorgegangen ist, dem auch das technische Wissensparadigma entstammt.

2. Dann werde ich beschreiben, inwiefern dieser gemeinsame Horizont unterschwellig *bis heute* den Hintergrund darstellt, auf dem sich die gegenwärtige Krise des Wissensideals der Moderne abspielt – eine Krise, angesichts der die humanistische Kultur nur eine schwache und vorläufige Kompensation zu leisten vermag.

3. Darauf aufbauend möchte ich dann die Aufmerksamkeit des Lesers auf jenes Verständnis individuellen Handelns unter technischen Bedingungen lenken, das die philosophische Hermeneutik durch ihr Konzept eines praktischen Wissens im Rückgriff auf Aristoteles erarbeitet hat. Dieses Konzept bietet meines Erachtens eine interessante Perspektive, um den Umgang des modernen Menschen mit der Technik kritisch zu beurteilen.

4. Aus der Analyse dieser Konzeption wird sich abschließend eine Perspektive für das künftige Verhältnis zwischen Technik und humanistischer Anthropologie abzeichnen.

II. Das Wissen vom „praktischen" Handeln in der Neuzeit

Bei der Neugestaltung des traditionellen Wissens gemäß dem Ideal der *modernen* Wissenschaftlichkeit wurde sowohl das Selbstverständnis der das Handeln betreffenden Wissensdisziplinen (Ethik, Ökonomie und Politik) als auch ihr Standort im Gesamtgefüge des Wissenschaftssystems einem grundlegenden Wandel unterzogen. Dieser Wandel änderte die Rangordnung, die die Wissenschaften vom Handeln im *antiken* Gefüge der *Epistemai* sowie in der *mittelalterlichen* Hierarchie der *disciplinae* und *artes* einnahmen.

Unter den Faktoren, die diesen Wandel verursachten, ist vor allem die moderne Identifizierung von *scientia* und *theoria* von Bedeutung. Dabei handelt es sich um die Idee, daß das wissenschaftliche Wissen nur *beschauenden, deskriptiven* Charakter haben kann – was die antike und mittelalterliche Vorstellung einer praktischen Wissenschaft zugrunde richtete. Das *theoretizistische* Selbstverständnis der Wissenschaft – zu dem dann weitere

Veränderungsmotive hinzukamen wie das Aufkommen der analytischen Methode als Maßstab strenger Wissenschaftlichkeit – wirkte entscheidend auf die Strukturierung des praktischen Wissens. Dieses war bislang als *Philosophia practica* bezeichnet und als solches von der *Philosophia theoretica* und der *Philosophia mechanica* abgegrenzt worden. Aufgrund einer langen Tradition, die sich in den mittelalterlichen Enzyklopädien sedimentiert hatte, war der Bereich der Praxis nach dieser Vorstellung der Tradition *dreigeteilt*: er umfaßte die *Ethik* als Wissen zur Orientierung des individuellen Handelns (*ethica solitaria* oder *monastica*), die *Ökonomie* als Wissen zur Orientierung des Handelns innerhalb des Hauses *(oikos)* und die *Politik* als Wissen zur Orientierung des Handelns innerhalb des Gemeinwesens. Praktische Wissenschaft war die philosophische Reflexion über diese Bereiche. Sie war jedoch ursprünglich keine Beschreibung, sondern visierte das Gelingen des Handelns selbst an und war deshalb „praktisch" relevant.

Ganz anders sieht die neuzeitliche und gar die moderne Szene aus. Wissenschaft und Theorie werden hier miteinander identifiziert. Und nur noch *eine* wissenschaftliche Wissensform wird zugelassen – nämlich die, die dem Ideal der Methode und der *universalen Abstraktion (mathesis universalis)* Genüge tut.

Daraus ergaben sich historisch zwei mögliche Wege für die praktische Philosophie:

1. Die Feststellung, daß das Ideal eines strengen, exakten Wissens nicht auf den Bereich der Praxis und der *philosophia practica* übertragen und angewandt werden kann, führte dazu, die praktische Philosophie als eine Art von *philosophia minor* zu verstehen, das heißt als ein epistemisch schwächeres oder gar nicht definierbares Wissen, das nur vorläufigen und approximativen Charakter besitzt.

2. Die zweite Möglichkeit bestand darin, das menschliche Handeln selbst zum Gegenstand des Wissens zu machen. Dies allerdings nicht in dem Sinne, daß dieses Handeln durch das neue Wissen konkret orientiert, sondern in der Hinsicht, daß es zum Untersuchungs- und Forschungsfeld für eine deskriptiv verstandene wissenschaftliche Erkenntnis wurde. Das menschliche Handeln wurde hier nun als *eine Welt für sich* verstanden, die genauso wie die Naturwelt in ihrem Mechanismus und ihrer Dynamik

erfaßt und beschrieben werden kann. Hieraus entsprang dann das Programm, ein strenges, exaktes und methodisch gesichertes Wissen auch auf die Politik, die Ethik, das Recht und die Ökonomie anzuwenden. Unumgehbarer Umschlagplatz in dieser Entwicklungsrichtung war das Denken Kants. Seine praktische Philosophie stellt in der neuzeitlichen Entwicklung der Wissenschaften vom Handeln den radikalsten Versuch dar, innerhalb der durch die oben beschriebene Lage neu eröffneten Perspektive eine Wendung einzuführen. Kant wollte zeigen, wie über die – oben als zweite Möglichkeit beschriebene – streng wissenschaftliche Erkenntnis des Handelns nach den Gesetzen der *Kausalität aus Notwendigkeit* hinaus eine *Kausalität aus Freiheit* möglich ist. Es kann hier nicht näher auf Kants Versuch eingegangen werden, sein eigenes Verständnis des praktischen Handelns sowohl von der Tradition der aristotelischen praktischen Philosophie als auch vom Objektivismus der Neuzeit abzugrenzen. Ich möchte hier nur daran erinnern, wie streng Kant die Betrachtung des Menschen als eines der Naturordnung zugehörigen Wesens, das der *Kausalität der Natur* unterliegt, von der Betrachtung des Menschen als eines der *Ordnung der Freiheit* angehörenden Wesens trennt. Daraus ergibt sich die fundamentale Unterscheidung zwischen *theoretischem* und *praktischem Vernunftgebrauch*, zwischen *Metaphysik der Natur* und *Metaphysik der Sitten*, zwischen *transzendentaler* und *moralischer Persönlichkeit*, zwischen *physiologischer* und *pragmatischer* Betrachtung des Menschen. Die ersteren zielen darauf ab, festzustellen, *was die Natur aus dem Menschen macht*, die andere, *was der Mensch als freihandelndes Wesen aus sich selbst macht oder machen kann und soll*. Entscheidend ist, daß Kant durch seine praktisch-moralische Betrachtung des Menschen beabsichtigt, dem Wissen vom praktischen Handeln eine *Orientierungsfunktion* zurückzugeben und es als solches *philosophisch zu begründen*. Gegenüber der in der Neuzeit vorherrschenden Tendenz, das menschliche Handeln zum möglichen Gegenstand deskriptiver Wissenschaft zu machen, stellt Kant damit einen entscheidenden Wendepunkt dar.

Interessant ist nun, daß sich entgegen Kants Bemühung auch noch der später unternommene Versuch einer eigenständigen Begründung der Wissenschaftlichkeit der Geisteswissenschaften im Duktus des neuzeitlichen Verständnisses der Wissenschaften vom Handeln im Sinne der Deskriptivität bewegt. Für die Betrachtung der heutigen Beziehung zwischen humanistischem Wissen und Technik ist vor allem der methodologische Aspekt dieser Entwicklung bedeutsam. Denn wie argumentierte man, um die Begründung der modernen Geisteswissenschaften zu rechtfertigen?

Ungefähr so: wenn das Ideal eines *streng wissenschaftlichen* Wissens auf die *gesamte* Wirklichkeit angewandt werden soll, so erfordert dies eine Anerkennung und Berücksichtigung der *Vielfalt* und der *Eigenart* der jeweils *unterschiedlichen Wirklichkeitsbereiche* – und folglich den *Verzicht auf die Einheitlichkeit der Methode.* Die Herausarbeitung eigener Verfahrensweisen der Geisteswissenschaften, die sich bekanntlich Dilthey zur Aufgabe stellte, sollte es ermöglichen, ein wissenschaftliches, das heißt objektives und rigoroses Wissen auch im Bereich des menschlichen Handelns zu erlangen.

Zwar erwies sich eine rigide Übertragung der analytischen Methoden auf dieses Wissensgebiet entweder als unmöglich oder als zu reduktionistisch. Was sich bei dem Programm Diltheys aber gerade nicht änderte, ja sogar weitergetrieben und radikalisiert wurde, war die typisch moderne Betrachtungsweise des praktischen Handelns. Dieses wurde nämlich weiterhin als Gegenstand einer rein deskriptiven Erfassung angesehen. Es wurde objektiviert und verdinglicht, um überhaupt einer Erforschung im Sinne des strengen Wissenschaftsideals unterzogen werden zu können. Das dabei letztlich herauskommende Wissen vom Handeln war dann aber eben gerade nicht mehr ein *Orientierungswissen praktisch-moralischer Art,* sondern nur mehr eine *theoretische, wertneutrale Beobachtung und Beschreibung der Dynamik und der Eigengesetzlichkeit menschlichen Handelns.* Das Wissen vom praktischen Handeln, das die modernen Geisteswissenschaften seit Dilthey produzieren, wurde daher zu einem Wissen, das konkrete Handlungen unter bestimmten Weltbedingungen gerade nicht orientiert und lenkt, sondern sie einfach beobachtet und vorhersagt – genauso wie die Naturwissenschaften die Bewegungen der Körper beobachten und vorhersagen.

Mit anderen Worten: um eine wirksame, wirklich flächendeckende Anwendung der wissenschaftlichen Einheitsmethode auf alle Wissensgebiete zu erzielen, war es in der Zeit der Begründung der Geisteswissenschaften erforderlich, die Methode je nach Art der in Betracht gezogenen Gegenstände zu differenzieren. Aber bei dieser Differenzierung blieb das Wissensideal, das sowohl den Natur- wie auch den Geisteswissenschaften zugrunde gelegt wurde, im wesentlichen *das gleiche*. Es war und ist das Ideal eines streng beschreibenden, wertneutralen, methodisch überprüfbaren Wissens. Diesem wurden seit dem 18. Jahrhundert zunehmend auch außermethodische Wahrheitserfahrungen wie das praktisch-moralische Handeln unterworfen. Das ehemalige moralische Wissen wurde gerade durch diesen Prozeß zur Geisteswissenschaft, die sich dem Ideal wissenschaftlicher, objektiver Deskriptivität anpaßte. Aus dem ehemals praktisch-moralischen und praktisch-politischen Wissen vom Handeln wurde nun eine theoretisch-feststellende Betrachtung, die ihre konkrete Orientierungskraft zusehends einbüßte.

Dieser Wandel im Verständnis praktischen Wissens wurde dann im Lauf der zweiten Hälfte des 19. und der ersten Hälfte des 20. Jahrhunderts durch die Behauptung der Wertfreiheit wissenschaftlicher Forschung endgültig sanktioniert. Die Bestimmung des wertfreien Charakters der Human- und Sozialwissenschaften war eine Festsetzung, die mit der Anerkennung ihrer Wissenschaftlichkeit eng verknüpft wurde. Diese Wertfreiheit aber entkoppelte diese Wissenschaften von ihrer Orientierungsfunktion und löste sie vom Bezug zu den Werten, die für das Handeln richtungweisend sind. *Die Entwicklung der strengen Wissenschaftlichkeit zur Wertfreiheit führt dazu, daß die traditionelle Vernunft um ihren substantiellen Gehalt gebracht und zur rein instrumentellen Vernunft reduziert wird.* Und durch die Unmöglichkeit, aus solcher Instrumentalität eine vernünftige Handlungsorientierung zu gewinnen, verliert das solcherart aufgebaute Wissenschaftsideal seine Relevanz für das Leben. Es büßt seine *Lebensbedeutsamkeit* ein.

Die Entwicklung der modernen – auch der geisteswissenschaftlichen – Vernunft zur Deskriptivität, Instrumentalität und Funktionalität hat zweitens zur Folge, daß es zusehends unmöglich wird, die Kluft zwischen dem, was *de facto* ist, und dem, was *de jure* gilt, also zwischen *Sein* und *Sollen* zu überbrücken. Heute gilt weitgehend der sogenannte Humesche Satz, daß aus Deskriptionen keine Präskriptionen, aus Tatsachen keine Normen abgeleitet werden dürfen.

Die daraus entstandene Krise der abendländischen Vernunft ist Gegenstand berühmter Diagnosen geworden, unter denen Husserls *Krisis der europäischen Wissenschaften* und die *Dialektik der Aufklärung* von Horkheimer und Adorno herausragen. Die Folgen der bereits in diesen Werken vorausgesagten Entwicklungsdynamik stehen heute uns allen vor Augen. Die vom rein instrumental auf die Welt hin orientierten Menschen, dem *homo faber*, ausgelöste Weltveränderung entzieht sich – auch unter den drängenden Imperativen des wirtschaftenden Menschen, des *homo oeconomicus* – zunehmend der Letztentscheidung des erkennenden und aus Erkennen handelnden Menschen, des *homo sapiens*. Gleichzeitig werden die Reste der traditionellen humanistischen Sinnressourcen rapide verzehrt, ja sie scheinen allenthalben brüchig und hinfällig geworden zu sein. Eine Spaltung zwischen Vernunft und Willen, Denken und Leben, Theorie und Praxis setzt sich schleichend durch. Letzte Zielsetzungen und Werte werden innerhalb der Grenzen der bloßen Vernunft für unbegründet und unbegründbar erklärt. Die ehemalige Tyrannei der Werte ist dadurch zu einer Implosion und Anarchie der Werte geworden. Die Moderne scheint heute zuletzt in die unausgesprochene Überzeugung zu münden, daß im Hinblick auf Werte ein unentscheidbarer Polytheismus, eine radikale Inkommensurabilität unvermeidlich ist, was Skeptizismus und Relativismus zur Folge hat.

Die *Interpretation* der Welt aufgrund von Werten hat also paradoxerweise zuletzt gerade die allgemeine *Neutralisierung* der Werte hervorgerufen. Denn nach Werten zu denken, heißt, alles zum Gegenstand einer menschlichen Bewertung zu machen, die trotz aller entgegengesetzten Bemühungen immer subjektbezogen, wenn nicht subjektiv, bleiben muß. Die von manchem humanistischen Denker und Theologen auf die Wertphilosophie gesetzten Hoffnungen waren daher vergeblich. Selbst der Gebrauch des Begriffs Wert ist fraglich geworden. Denn streng genommen haben wir es in der Postmoderne nicht mehr mit einem Polytheismus der Werte, sondern mit einem Polytheismus der Entscheidungen zu tun. Die in der traditionellen Kultursemantik produzierten Wahrheiten – die Mythen, die Religionen, die Ideologien, also die großen Sinnerzählungen – werden sinnentleert. In der entzauberten Welt, unter der Stahlglocke des Nihilismus, scheint weder Tugend noch Moral mehr nötig. Der Nihilismus ist kein pathologischer Zustand mehr, sondern zum Normalzustand geworden.

Angesichts dieser Orientierungsabstinenz verspürt man gerade im technoiden Umkreis des 21. Jahrhunderts, der deutlich hervordämmert, ein diffuses Unbehagen. Im allgemeinen Innewerden der Eklipse substantieller Vernunft, in der absoluten technologischen Rationalisierung und Kolonialisierung unserer lebensweltlicher Räume und Ressourcen reagiert man heute vielfach mit einer Distanzierung vom Vernunftideal der Moderne. Zugleich lebt aber auch noch eine zentrale Frage: *Gibt es im Zeitalter der Technik noch Chancen zu einer vernünftigen Handlungs- und Lebensorientierung?*

III. Das Konzept eines „praktischen" Wissens

Die Frage lautet also, ob das Denken heute, inmitten der weitgehenden Entmachtung praktischer Vernunft durch technische Entscheidungsprozesse, noch einen Beitrag leisten kann, um eine Antwort auf unsere Sinnfragen zu geben. Angesichts der Drängnis dieser Fragen und der beschriebenen Desorientierung fehlt es nicht an Vorschlägen. Ein interessanter Ansatz zu einem angemessenen Verständnis des praktischen Wissens ist durch die *philosophische Hermeneutik* vorgeschlagen worden, und zwar insofern sie versucht hat, *die durch die Moderne verdrängte Tradition der praktischen Philosophie aristotelischen Ursprungs zu rehabilitieren.* Wie sehen die Ergebnisse dieser Rehabilitierung aus?

Ich würde sie folgendermaßen zusammenfassen. Die Hermeneutik hat unter dem wachsenden Druck der Übernahme einer Art Weltherrschaft durch die Technik einige *Grundintuitionen* der aristotelischen praktischen Philosophie wieder zur Geltung gebracht – und zwar ausdrücklich gegen die Verzerrungen im Verständnis des *Praktischen*, die die Vorherrschaft der einheitlichen Wissenschaftsmethode und des mit ihr verbundenen Wissenschaftsideals der *mathesis universalis* seit dem 18. Jahrhundert verursacht hatte. Diese Grundintuitionen sind:
- die Rehabilitierung der *Praxis*,
- die Rehabilitierung der *Phronesis*,
- die Rehabilitierung des *Ethos*,
- die Rehabilitierung der *topisch-dialektischen Methode*.
Sehen wir uns diese Intuitionen etwas näher an.

I. Die erste Intuition ist die *Rehabilitierung der Praxis*. Gegen die Reduktion menschlichen Tuns auf schiere (selbst meist technisch verstandene) *Arbeit*, die die moderne Welt dominiert, soll das *freie und zugleich konkrete menschliche Handeln* wieder zur Geltung gebracht werden. Das setzt eine doppelte Abgrenzung voraus.

1. *Die Abgrenzung zwischen Praxis und Theorie.* Einerseits soll die Selbständigkeit der Praxis gegenüber der Theorie gesichert werden. Die in der Moderne durchgehend praktizierte Unterordnung des Handelns unter die Theorie wird in Frage gestellt. Aristoteles bietet das beste Vorbild dafür. Zum erstenmal im abendländischen Denken hat er gegen Platon das Verhalten der *Theorie* vom Verhalten der *Praxis* abgegrenzt – und entsprechend auch *die theoretische Weisheit (sophia) von der praktischen Klugheit (phronesis).* Diese Abgrenzung hat eine Plausibilität und Gültigkeit, auf die man auch heute zurückgreifen kann, vor allem, wenn man sich die einzelnen Unterscheidungskriterien vergegenwärtigt, die Aristoteles nennt. So zum Beispiel:

a) Den Unterschied der jeweils verfolgten Ziele. Im theoretischen Bereich wird eine Erkenntnis der Wahrheit anvisiert. Im praktischen Bereich dagegen nicht eine *Erkenntnis*, sondern das *Gelingen* des Handelns selbst. Hier geht es um das gute Handeln und Leben.[1] Das bedeutet, daß das entsprechende Wissen einen verschiedenen Charakter hat. Die theoretische vollzieht eine *kontemplative Betrachtung* der Wahrheit. Dagegen wirkt das *praktische Wissen* auf das menschliche Handeln zurück, indem es orientiert, das heißt zum Gelingen führt.[2]

b) Die unterschiedliche Seinsweise der erfaßten Gegenstandsbereiche. Die Theorie hat mit dem *Notwendigen*, die Praxis mit dem *Kontingenten* zu tun. Die Gegenstände der theoretischen Wissenschaften haben eine größere Stabilität als das menschliche Handeln. Das Tunliche hat nämlich *nicht* den Charakter des Notwendigen, das heißt dessen, was nicht anders sein kann als es ist.[3] Andererseits wird es auch nicht in völlig unberechenbarer Weise getan, das heißt zufällig. In diesem Fall wäre keine praktische Wissenschaft möglich, denn das Zufällige läßt keine wissenschaftliche Erforschung zu. *Die Seinsweise des menschlichen Handelns steht zwischen dem Notwendigen und dem Zufälligen,* und weist eine gewisse *Regelmäßigkeit* auf, die als solche eine wissenschaftliche Betrachtung zuläßt.

---

1   Vgl. *Eth. Nic.* II, 2, 1103 b 26-29.
2   Vgl. *Eth. Nic.* VI, 2, 1139 a 26-27.
3   Vgl. etwa *Eth. Nic.* VI, 3, 1140 a 1-2.

c) Den Grundsatz, daß in jeder Wissensart gemäß dem erfaßten Gegenstand ein *unterschiedlicher Genauigkeitsgrad* angestrebt werden darf, ohne daß dies eine Verminderung des Erkenntnischarakters des entsprechenden Wissens bedeutet.[4] Die praktischen Wissenschaften können nicht den gleichen Genauigkeitsgrad erreichen, der zum Beispiel in den mathematischen Wissenschaften möglich ist, weil sie es mit einem beweglichen und veränderlichen Gegenstand zu tun haben. Da diese geringere Genauigkeit aber nicht aus einem Mangel an Erkenntnis entsteht, sondern von der Natur des entsprechenden Gegenstandes abhängt, verneint schon Aristoteles keineswegs die Wissenschaftlichkeit der praktischen Philosophie, noch betrachtet er sie als eine Art schwächerer Wissenschaft, als wäre die *philosophia practica* eine Art *philosophia minor*.

2. *Die Abgrenzung zwischen Praxis und Poiesis.* Die Eigenart der Praxis muß auch gegenüber der Poiesis geschützt werden. Das heißt: das *ethische und politische Handeln* muß vom bloßen *Machen und Herstellen* abgegrenzt werden. Diese Abgrenzung ist schwierig und zugleich sehr wichtig. Sie ist schwierig, weil sowohl das Handeln wie auch das Herstellen eine Art von *Tun* sind und daher leicht verwechselt werden können. Außerdem wurde der Unterschied zwischen diesen beiden Formen des Tuns unter der Herrschaft des modernen Begriffs der *Arbeit* aufgelöst.

Diese Abgrenzung ist wichtig, weil auf ihr die *Unterscheidung eines praktisch-moralischen von einem praktisch-technischen Wissen* fußt. Das heranzuziehende Unterscheidungskriterium ist hier die *Autotelie* des Handelns. Das bedeutet: das praktisch-moralische Handeln hat in sich selbst sein Ziel und sein Gelingen. Sein Erfolg läßt sich nur durch die Qualität des Handlungsvollzugs selbst erkennen. Das *heterotelische* Herstellen hat dagegen sein Gelingen im hergestellten Werk, also außerhalb seiner selbst. Diese Unterscheidung findet sich bei Aristoteles zum erstenmal, der sie in Opposition zu Platon trifft.[5]

---

4 Vgl. vor allem *Eth. Nic.* I, 1 und II, 2; IX, 2, 1165 a 12-14.
5 Platon gliedert zwar das praktische Wissen in ähnlicher Weise. Seine Zweiteilung unterscheidet sich aber grundsätzlich von der aristotelischen, und zwar deshalb, weil Platon als Maßstab zur Bestimmung des Praktischen in Abgrenzung vom Poietischen den *Gebrauch der Hände* heranzieht. Praktisch sind also jene Wissenschaften, in denen der Gebrauch der Hände ausschlaggebend ist. Da dies in der politischen Wissenschaft nicht der Fall ist, ist sie keine praktische, sondern eine theoretische Wissenschaft. Das praktische Wissen ist daher bei Platon letztlich stets selbst nur wieder technisches Wissen (vgl. *Politeia* 8-11 und 259).

II. Die zweite Intuition, die unter den technischen Bedingungen der Gegenwart relativiert wird, ist die *Rehabilitierung der Phronesis*. Sie bezweckt die Rückgewinnung einer zweifachen Eigenschaft des praktischen Wissens: der Nähe und Homogenität zur Praxis als auch der ethisch-politischen Orientierungskraft, die weder aus dem rein theoretischen noch aus dem rein technischen Wissen herzuleiten ist.

Zur Bestimmung der Eigenart praktischen Wissens beruft sich die philosophische Hermeneutik auf das aristotelische Vorbild der *Phronesis*. So wie die *Praxis* von der Theorie und der Poiesis abgegrenzt werden muß, so muß auch das praktische Wissen der *Phronesis* vom theoretischen und vom poietischen Wissen unterschieden werden.

Das praktische Wissen der *Phronesis* hat laut Aristoteles grundsätzlich eine niedrigere Rangstellung als das theoretische Wissen der *Sophia*. Dies deshalb, weil sein Gegenstand – menschliche Handlungen, also etwas Kontingentes – eine niedrigere Seinsvollkommenheit hat als der Gegenstand der theoretischen Wissenschaften, das himmlische und göttliche Seiende. Das praktische Wissen der Phronesis hat dennoch einen Vorzug, den das theoretische Wissen nicht aufweisen kann: nämlich eben seine praxisorientierende Kraft.[6]

Die Abgrenzung der praktischen Klugheit *(phronesis)* von der Technik *(techne)* begründet Aristoteles nicht direkt, sondern über folgende Unterscheidungskriterien:

1. Die Phronesis bezieht sich nicht wie die Techne auf einzelne Handlungen als solche, sondern sie trägt zum Gelingen des Lebens insgesamt, also zur Glückseligkeit im Ganzen bei.[7]

2. Phronesis und Techne sind verschiedene Wissensarten, weil sie sich auf verschiedene Arten des Tuns beziehen: jeweils auf Handeln *(praxis)* und auf Herstellen *(poiesis)*.[8] Diese unterscheiden sich dadurch voneinander, daß die Praxis das Ziel außerhalb ihrer selbst hat, die Poiesis dagegen in sich selbst.[9]

---

6 Vgl. *Eth. Nic.* VI, 10, 1143 a 8.
7 Vgl. *Eth. Nic.* VI, 5, 1140 a 28.
8 Vgl. *Eth. Nic.* VI, 5, 1140 b 3-4.
9 Vgl. *Eth. Nic.* VI, 5, 1140 b 6-7.

3. Die Technik ist gegenüber der moralischen Qualität ihrer Ziele gleich-gültig – zum Beispiel kann ein Arzt sowohl heilen als auch den Tod her-beiführen. Die Phronesis dagegen kann nur Gutes, nämlich Tugendhaftes anvisieren.[10]

4. Die Phronesis kann nur in einer einzigen Weise vollzogen werden: ent-weder trifft sie ganz oder sie verfehlt ganz ihr Ziel. Dagegen läßt die Technik eine schrittweise Annäherung an die Vollkommenheit ihrer Ziele zu.[11] In der Technik erreicht man die Vollkommenheit durch Üben und durch Irrtümer in der Sache. In der Phronesis dagegen nicht, denn man wird nicht dadurch tugendhaft, daß man sich im lasterhaften Leben umtut.

5. Die Technik kann verlernt werden, die Phronesis dagegen nicht.[12]

Aristoteles deutet also die praktische Klugheit nicht im Sinne bloßer Ver-haltensregeln, als Geschicklichkeit des Weltmanns – so als wäre das prak-tisch-moralische Wissen die einfache Anwendung des Vorbildes des klugen, vollkommenen Menschen auf die jeweilige Lebenssituation. Aber er ver-steht die Politik als praktisches Wissen auch nicht als bloße Technik zur Erhaltung des Lebens oder der Herrschaft. Vielmehr öffnet sich die Per-spektive des Politischen erst dann, wenn die Lebensbedürfnisse befriedigt sind und der Mensch sich für das Problem der Wahl der bestmöglichen Le-bensform freimacht.

III. Die dritte Intuition, die es heute zu erneuern gilt, ist die *Rehabilitierung des Ethos*. Damit ist die Einsicht gemeint, daß jede praktische Vernunft, um überhaupt wirksam und praxisorientierend sein zu können, nicht abstrakt behauptet, sondern stets in einem historisch-konkreten Kontext, in einer sittlichen oder institutionellen Lebensform verwirklicht werden muß. Die abstrakte Moralität, die ihre Universalität über die Wirklichkeit hinweg durchsetzt, und die Tugend, die gegen den Weltlauf anzugehen beansprucht, sind beide zum Scheitern verurteilt, wenn sie nicht in einer konkret verwirk-lichten Sittlichkeit aufgefangen werden.

---

10 Vgl. *Eth. Nic.* VI, 5, 1140 b 22-24.
11 Vgl. *Eth. Nic.* II, 5, 1106 b 26-31.
12 Vgl. *Eth. Nic.* VI, 5, 1140 b 28-30.

Die Rehabilitierung des Ethos wirkt außerdem als *Kritik an der Utopie* und am *neuen ethischen Intellektualismus* der Gegenwart. Als *Kritik an der Utopie* deshalb, weil diese glaubt, die Inhalte des glücklichen Lebens durch eine theoretische, ideale Beschreibung vorwegnehmen und sie – auf ihrer theoretischen Vision bestehend – durch Umwälzung des Existierenden unmittelbar hier und heute verwirklichen zu können. Als *Kritik am neuen ethischen Intellektualismus* deshalb, weil im Ethos die Diskrepanz zwischen der Erkenntnis des Guten und der Verwirklichung des guten Lebens überbrückt wird.

IV. Die vierte Intuition ist die *Rehabilitierung der topisch-dialektischen Methode.* Die angemessene Weise der Argumentation praktischen Wissens ist, betrachtet man den ihm eigenen Gegenstandsbereich, nicht die exakte und apodiktische, sondern eben die topisch-dialektische. Was ist damit gemeint?

Es geht um die Verbindung von Wahrheit mit einem bestimmten Ort und einer bestimmten Gesprächssituation. Die Wahrheit ist vom Ort und der Situation abhängig, ebenso wie umgekehrt Ort und Situation von dieser Wahrheit abhängen. In einer bestimmten Situation kann man aber nicht von notwendig wahren Prämissen ausgehen, sondern von nur wahrscheinlichen, und dementsprechend ergeben sich auch nur wahrscheinliche Schlüsse. Die Wissenschaftlichkeit der Schlußfolgerung ist dabei aber genauso gewährleistet wie in jedem anderen wissenschaftlichen Vorgehen. Die Rehabilitierung der topisch-dialektischen Methode ist besonders in den Diskussionen um das methodologische Selbstverständnis der politischen Wissenschaft geltend gemacht worden. Weder die analytische Methode, die für die neuzeitlichen Sozialphilosophie bestimmend ist, noch die empirisch-positivistische Verfahrensweise, an der sich die moderne politische Wissenschaft heute vorwiegend orientiert, werden der *Eigenart des Praktisch-Politischen* gerecht. Die topisch-dialektische Methode dagegen beansprucht, die angemessene Methode für das Praktische und Politische zu sein.

IV. Offene Fragen

Die beschriebenen Grundintuitionen der Hermeneutik, die das aristotelische Modell der praktischen Philosophie in Erinnerung rufen, ermöglichen eine kritische Beurteilung der heutigen Spielarten praktischer Vernunft im Zeitalter der Technik und wecken ein kritisches Bewußtsein gegenüber dem zusehends problematisch werdenden Verständnis ethischen und politischen Handelns. Die Hermeneutik hat dabei versucht, gegen dieses moderne Verständnis – namentlich gegen die Identifizierung von Theorie mit Wissenschaft und gegen eine rein deskriptive Wissensauffassung – dem praktischen Wissen vom Handeln unter den Bedingungen der Technik seine Orientierungskraft zurückzugeben. Dafür hat die Hermeneutik, wie wir gesehen haben, ihre Grundlagen hauptsächlich aus dem Konzept der aristotelischen Phronesis gewonnen.

Man muß allerdings zu diesem Versuch der Wiedergewinnung eines kritischen Urteilsvermögens gegenüber der Technik auch Fragen stellen. Das Grundproblem liegt darin, daß die Hermeneutik die Schärfung unseres Urteilsvermögens durch eine Rehabilitierung der Phronesis als mögliche Antwort auf die Krise des modernen Vernunftideals zu erreichen hofft. Abgesehen nun von den prinzipiellen Fragen, die eine solche Transplantation aufwirft, muß man fragen, ob das phronetische Wissen das leisten kann, was man sich von ihm verspricht. Wenn man nämlich genauer prüft, was eigentlich die Phronesis in der aristotelischen Ethik und Politik leistet, so stellt man fest, daß sie ein *Wissen der Mittel* ist, nicht aber ein *Wissen des Ziels.* Doch was der modernen und gegenwärtigen Welt fehlt und wonach gesucht wird, sind sicher nicht die Mittel, welche Wissenschaft und Technik uns im Überfluß zur Verfügung stellen, sondern eben vernünftiges, verbindliches Wissen über identitätsbildende Endziele für den Menschen als Individuum und Gattung. Wenn dem so ist, wie kann man dann von der Phronesis eine Potenzierung unserer Orientierungskraft im Handeln – das heißt im konkreten Umgang mit der Technik – erwarten?

Bei Aristoteles konnte die Verbindung zwischen Wirksamkeit der Mittel und moralischer Qualität der Ziele, und schließlich das Gelingen des moralischen Handelns selbst deshalb durch die Phronesis gewährleistet werden, weil diese innerhalb eines durch eine bestimmte Theologie, Kosmologie und

Anthropologie gesicherten Gesamtrahmens operierte. In der Hermeneutik läuft die Rehabilitierung der Phronesis Gefahr, ihre Absicht zu verfehlen, da hier das phronetische Wissen in einen wesentlich schwächeren, minimalen Rahmen eingesetzt ist – nämlich in unseren post-metaphysischen Horizont, der durch eine Grundlagenkrise und den Mangel an Anhaltspunkten gekennzeichnet ist. In diesem minimalen Rahmen läßt sich die moralische Leistungskraft der Phronesis nicht mehr gewährleisten. Die umsichtige *Klugheit* droht im Nihilismus zu einer bloßen *Geschicklichkeit* im Umgang mit den Menschen zu werden oder gar – wie ihre Kontrahenten meinen – zur Ideologie eines angenehmen *Kulturrelativismus* konservativer Art zu degenerieren.

Angesichts dieser Umstände, aber auch angesichts der gegenwärtigen Sinnabsenz bei immer stärkerer technologischer Beschleunigung, die das Bedürfnis nach einem Orientierungswissen verschärft, stellt sich noch einmal die entscheidende Frage: *Kann man den Nihilismus der Technik durch eine neue praktische Klugheit auffangen?*

Hinsichtlich der Möglichkeit einer Antwort bleibe ich ziemlich reserviert. Denn niemand, weder die Hermeneutik noch ihre Gegner noch sonst jemand kann heute beanspruchen, *die* Antwort auf die Frage nach der Orientierung unseres Handelns zu haben. Die Orientierungsabstinenz lastet um so mehr auf uns, als die Folgen unseres *unorientierten Handelns* durch Wissenschaft und Technik ins Unüberschaubare und Unermeßliche gesteigert werden. Gewiß, das exponentielle Wachstum des Reiches der Technik hat nicht nur beunruhigende, sondern auch faszinierende Aspekte. Es bleibt aber das Problem, daß die technopoietische Herbeiführung unserer Zukunft derzeit ohne Regeln und Normen zu geschehen scheint, die unser Handeln und Verhalten führen könnten. Der Universalisierung der Technopoiese gegenüber versickern am Beginn des 21. Jahrhunderts die natürlichen, kulturellen und symbolischen Sinnressourcen des traditionellen Menschen. Der Mensch kann heute radikal transformiert werden. Wenn aber seine Gebrechlichkeit und Ausgesetztheit einen wachsamen Schutz verlangen, und wenn die Sorge um seine Einmaligkeit fordert, ihn zu bewahren, so muß man erneut fragen: Lassen sich *Bedingungen* oder *Vorgangsweisen* angeben, um diese schwierige Bewahrungsaufgabe zu erfüllen? Mit anderen Worten: *Woran kann sich der heutige Geist, der mühsam der technischen Beschleunigung nachhinkt, noch halten? Bestehen noch Sinnressourcen und Kraftquellen, die unversehrt geblieben sind?*

Im schier allgemeinen Mangel an Lösungen kann ich nur folgenden minimalen Ausblick wagen. Mir schwebt eine illusionslose Haltung vor, die den Menschen bewahren möchte, ohne alles auf ihn als Mittelpunkt des Weltalls zurückzuführen. Eine non-anthropozentrische Haltung, die sich dem technisch-wissenschaftlichen Wachstum ohne Sehnsucht nach dem verlorenen Ursprung öffnet, doch auch ohne sich jenseits aller ethischen Regelung ins Leere einer Unterwerfung unter den Imperativ der Technik zu begeben. Eine illusionslose Haltung, die nach neuen symbolischen Sinnressourcen sucht, damit der Mensch wieder in der Welt der Natur und der Geschichte Wurzeln schlagen kann. Eine illusionslose Haltung, die angesichts der ethischen Gleichgültigkeit der heutigen Technik darum bemüht ist, den Verantwortungssinn, dessen die Menschheit im Prinzip fähig ist, zu aktivieren – selbst wenn kein anderes Licht leuchtet als das unserer *Sensibilität*, als das Licht unserer *Phronesis*.

Wie einmal gesagt wurde: es reicht nicht mehr, die Welt zu verändern, weil sie sich auch ohne unseren Willen verändert. Es kommt vielmehr darauf an, diese Veränderung angemessen zu interpretieren, damit sie sich nicht als Welt ohne uns verwirklicht, als *regnum hominis* ohne Bewohner. Zu einer solchen Interpretation kann die praktische Philosophie noch einen wichtigen Beitrag leisten.

Francesco Marchioro

Technik und Psyche

JETZT. Während ich dieses Wort schreibe, erscheinen auf dem Bildschirm meines Computers die technischen Zeichen, die es darstellen – gleichzeitig mit meiner Handbewegung auf der Tastatur. Ein verborgener, mir unbekannter Code ruft sie über zahlreiche Umwege und Verbindungen hervor – mitten in die Unordnung von aufgestapelten Büchern und Verbindungskabeln, die meinen Schreibtisch umgeben. Das leise Klicken der Maus versammelt augenblicklich Schwärme von Worten, wechselnde Botschaften aus fernen und doch lebendigen Welten.

Wenn ich einen Augenblick innehalte und darüber nachdenke, was hier eigentlich geschieht, muß ich staunen. Die Faszination ist groß, und durch das gedämpfte Rauschen meiner Emotionen hindurch zeichnet das Imaginäre seltsame Gestalten in meinen Geist. Was geschieht hier in Sekundenbruchteilen? Die Ideenwelt erfassen, sie blitzartig in Erkenntnis umsetzen, Dinge mit einem unscheinbaren Klicken, einer ausdruckslosen, jedoch allmächtigen Fingerbewegung bewältigen. Das alles geschieht durch die Technik in einem kurzen Augenblick, ohne daß ich es wirklich verstehe oder wirklich dabei bin. Ohne Frage: hier brennt das in sich aufs äußerste verdichtete Verstandeshafte der abendländischen Denkavantgarde seinen ganzen Stolz ab. Es leuchtet geradezu in seinem futuristischen Kostüm – einem phantastischen Gewebe von Bytes, besetzt mit Kontakten, durch leuchtende Synapsen zusammengeheftet.

Und doch sind gerade in diesem konkreten Geschehen der Technik auch die jahrtausendealten Gedankengänge der Tradition und der Vergangenheit mit anwesend. Denn diese Technik ist ja das Ergebnis einer langen Entwicklung von Denken und Wissen, wo ein Schritt auf den anderen aufbaute. Die Wahrheit des technischen Geschehens heute ereignet sich in einem Gesichtskreis, der schrittweise durch die Geschichte der Tradition als Wirkliches gesetzt wurde. Jeder Blick zurück auf die traditionellen Welten, der eine Verbindung zwischen Verstandesavantgarde und Tradition herstellen will, zeigt aber auch die Entfernung auf, die zwischen der heutigen technischen und den traditionellen Welten besteht. Und damit wird sichtbar, daß es eine echte Produktivität, Neuerung, Verwandlung und fortschreitende Originalität in der Selbstverwirklichung des abendländischen Geisteslebens und seiner mehr und mehr technischen „Wahrheit" gegeben hat und weiterhin gibt.

Was hat es nun, wenn man diesen doppelten Zeitumriß bedenkt, für einen Sinn, zu sagen: Wir leben heute im Zeitalter der Technik? Hat der Mensch nicht immer schon Werkzeuge verwendet? Und ist die Technik nicht nur ein höherentwickeltes Werkzeug? Nun ja, wir sprechen heute – im Unterschied zur Tradition – von einem eigenständigen „Wesen" der modernen Technik. Was ist denn hier *eigenständig* geworden? *Wesen* muß hier ja als *Bestimmung* verstanden werden – und zwar gemäß jener Aufklärungsbewegung, die Heidegger in der *schrittweisen Unverborgenheit des Seins als Wirklichkeit* erkannt hat oder, anders gesagt, in jener besonderen inneren Regung des Seins, welche die Geschichte der Metaphysik getragen hat, in der die Technik in bedeutungsvoller Weise als *Schlußpunkt* und zugleich als *Anfangspunkt* erscheint.

Deshalb gilt, so scheint mir, daß man das Wesen der Technik erfassen muß, nicht ihre einzelnen Manifestationen. Will man das, was sich heute als Wesen der Technik ereignet, in den Blick bekommen, dann muß man, den Worten Hegels folgend, den Blick der Erkenntnis auf das richten, was hinter der Erkenntnis selbst sich ereignet. Denn das, was hinter der Sache sich ereignet, ist das Wesen. Deshalb werde ich den Begriff und das Ereignis der Technik im folgenden im Licht eines Wissens des 20. Jahrhunderts betrachten, das für das Zeitalter der Technik überraschend kam, weil es eben genau auf das blickt, was sich hinter seinem eigenen Spiegel und auch hinter dem Spiegel des Erkennens, das die Technik selbst darstellt, ereignet. Dieses Wissen ist die Psychoanalyse.

I. Wahrheit und Fabel

Im neuen Jahrhundert, welches – obgleich erst angebrochen – schon so unermeßlich ist und sich in seiner Wandlungsfähigkeit derart unaufhaltsam ankündigt, daß es schwierig erscheint, bei seinem Anblick in den jahrtausendealten Archiven des Verstandes auch nur eine kleine Weile zu verweilen, pulsiert eine *andere Logik*. Sie bringt jeden Versuch zum Verblassen, das große Triebwerk der Zusammenhänge und Abhängigkeiten, das die neue Welt der Technik und ihr Produkt, der technologische Mensch, hervorbringen, einfach wie bisher „natürlich" zu begreifen.

In dem Jetzt, dem Augenblick, in dem die Auflösung der Formen des 20. Jahrhunderts höchst beschleunigt vor sich geht, schwindet der Urheber der bisherigen Gestalten, der souveräne *moderne Koordinator* von Entwicklungen und Vertiefungen, der Absolute inmitten alles Relativen. An seine Stelle drängt sich ein *postmoderner Ordner* von künstlichen Gebilden, ein flüchtiger Inhaber linearen Wissens, ein Erzeuger von ephemer geltenden Zeichen im allgemeinen Dahinschwinden von Regeln, in der fortschreitenden Vermischung der Codes.

Mit dem modernen Koordinator als Zentrumsgestalt aber fällt auch der Mythos der *Wahrheit*. Denn da man ihm die Idee eines Mittelpunktes entzieht, eines *tiefen* Ortes, in dem die Ursprünge wurzeln und von dem aus sich die Rechte erheben, entsteht gleichsam ein offener Vorgang, wo das Sein aus jedem Faden wirkt, wo jede Strähne, mit dem Anspruch, die Wahrheit zu enthalten, sich zur Wirklichkeit verflechten kann. Das erzeugt Unruhe, Unvorhersehbarkeit, Bewegung. Man kann jedoch „seiner eignen Zeit nicht böse sein, ohne selbst Schaden zu nehmen", wie Musils *Mann ohne Eigenschaften* zu Recht meint, und so geht es darum, der Neuheit einer Welt entgegenzutreten, die entstanden ist als eine „Welt von Eigenschaften ohne Mensch, eine Welt von Erlebnissen ohne den, der sie erlebt."[1]
Und Musil fährt fort:

„Jeder Fortschritt ist (hier) ein Gewinn im Einzelnen und eine Trennung im Ganzen. Er ist ein Zuwachs an (äußerer) Macht, der in einen fortschreitenden Zuwachs an (innerer) Ohnmacht mündet. Unzählige Auffassungen, Meinun-

---

1   R. Musil, *Der Mann ohne Eigenschaften*, Berlin 1989, S. 59 und 151.

gen, ordnende Gedanken durchziehen (den neuen Menschen) zwar, tausende kleiner empfindlicher Nervenstränge, aber der Strahlpunkt, wo sie sich vereinen, fehlt."[2]

In der unendlichen Kette von Wissenschaft und Dichtung, von Psychologie und Metaphysik, von Politik und Mystizismus, durch die der Mensch Musils gegangen ist, vollzieht sich der Übergang von der Tradition zur Moderne, vom Alten zum Neuen, von der Einheit zur Dissoziation, und zwar in einer schmerzvollen Sehnsucht nach den verlorenen Werten. Diese Werte sind in einem Untergang verschwunden, der zwar mit Erbarmen behaftet, aber von jeder tröstenden Illusion frei ist. Wenn sich der moderne Mensch nun einer kraft Dissoziierung unendlichen Welt gegenübergestellt sieht, dann fragt er sich, vom Schauder der grenzenlosen Welt und der unendlichen Deutungen erfaßt und durch den Fall der schützenden Gewißheiten der Wissenschaft und der Gesamtheit der Erkenntnisse erschüttert, mit Nietzsche aber zugleich auch: „Wer hätte wohl Lust, dieses Ungeheure von unbekannter Welt nach alter Weise sofort wieder zu vergöttlichen?"[3]

Die Postmoderne ist der gewaltige Prozeß des Verlustes an Bedeutung, der Abschaffung der Erzählungen und des Abhandenkommens der Finalität. Das dialektische Theater, die kritische Szene sind leer. An ihrer Stelle stehen der Spleen des *Fin de siecle*, das Dahinschwinden der Hoffnung, Wahres und Unwahres ins Gleichgewicht zu bringen, die Melancholie der Systeme (Benjamin), die heutzutage durch die uns umgebenden lächerlich durchsichtigen Gestalten vorherrscht, die Schwermut der Funktionssysteme, der Simulation, der Programmierung und Information – kurz: eine Tonalität, die der Art des Dahinschwindens der Sinnhaftigkeit und deren Verflüchtigung in den operationellen Systemen eigen ist.

Was tun? Welche Strategie einnehmen? Gegen das System der technisch-mechanischen Überlegenheit kann man als gegenwärtiges Subjekt die List der Begierde schärfen, die umstürzlerische, kleinliche Denkweise des Alltäglichen bekräftigen, das steuerlose Treiben der Moleküle besingen, und zwar bis zur Verherrlichung der Kochkunst als „philosophischer" oder gar

---

2   Ebda., S. 154.
3   F. Nietzsche, *Die fröhliche Wissenschaft*, Gesammelte Werke, Berlin/New York 1973, Abt. V, Bd. II, S. 310.

„geistiger" Tätigkeit. Je dominierender ein System ist, um so mehr kann es alles, auch denjenigen, der es abzulehnen versucht, in die Gleichgültigkeit, in den Nihilismus der Neutralisierung stürzen.

Wenn, also, wie Nietzsche schreibt, kraft Dissoziation, Neutralisierung und Unendlichkeit „die wahre Welt endlich zur Fabel geworden"[4] ist, so kann keine Erfahrung der Wahrheit mehr authentisch sein. Denn die Echtheit, die Wiederaneignung des Wahren erblaßt in der Dämmerung, mit dem Tod Gottes, auch selbst. Demnach könnte man sich also auch die Technik als Fabel denken, und diese Auffassung würde die Technik vom Mythos ihrer Unmenschlichkeit entblößen und die Forderung nach Metaphysik derjenigen enthüllen, welche die Wirklichkeit dieses Mythos weiterhin, auch noch in der Gesellschaft der globalen Organisation, zu lesen beabsichtigen, da sie weiterhin die Fabel für Wahrheit halten.

Die Fabulation der Wirklichkeit, die sehr zaubervoll ist, ist ein möglicher Weg in die Freiheit. Dieser Weg führt in eine Richtung, die paradoxerweise dem Hinüberwechseln in den Gesichtskreis der Sinnhaftigkeit und der Wahrheit sehr nahe ist.

II. Vom Sakralen zur Wissenschaft

Die Technik, ihr *Wesen* und ihre Bestimmung, sind das entscheidende Problem für das Verständnis des Wesens des zeitgenössischen Menschen. Die *Techne* ist das älteste Kennzeichen des menschlichen Daseins. Denn die Spuren des Gebrauchs von Werkzeugen sind es, die das Verhältnis des Menschen zur Welt ausmachen. Sie gestalten die Welt „menschlich". Plutarch verkündet, daß der „große Pan tot ist", zu dem Zeitpunkt, als sich die Gestalten des Christentums gegen die Riten und Mysterien der Kultur des Mittelmeerraumes durchsetzen. „Gods of Hellas, gods of Hellas", schreibt Elisabeth Barret Browning, „can ye listen in your silence? Can your mistic voices tell us, where ye hide? In floating islands. With a wind that evermore keeps you out of sight of shore? Pan, Pan is dead." Auf die Verkündigung

---

4   F. Nietzsche, *Götzen-Dämmerung*, ebda., Abt. VI, Bd. III, S. 30.

dieses Todes hin entsteht innerhalb der christlichen Anschauung von Welt, Mensch und Gottheit die philosophische *Ratio*.

Was bedeutet das? Die moderne Technik verdrängt, nach der bekannten Aussage des Galilei, im Gegensatz zur alten Technik „das Tier". Die Verdrängung des Tieres versinnbildlicht die Loslösung des Menschen von der mythisch-sakralen Welt, von ihren Tieren und Gottheiten. Mit der Beseitigung der mythologischen Welt, der Entweihung der Natur, verschwinden auch jene technischen Gestalten, die der Mensch in so einem Weltall herstellen konnte.

Wenn aber einmal die Götter verschwunden sind und die sakrale Bedeutung der Natur sich aufgelöst hat, dann findet ein neues technisches Machtstreben das Durchsetzungsfeld für seine Verwirklichung, für die „dialektische Entwicklung des Ich" nach Hegel, für den Konflikt zwischen den einzelnen Willensstrebungen *in der Welt*. Die uralte Macht, die den Menschen von der Natur trennt und gleichzeitig Mensch und Natur durch das Opfer wieder zusammenführt, verwandelt sich in eine gewaltige Macht der Entzauberung der Welt, in der es keine Zerreißung von Mensch und Natur und keine Schuld mehr, sondern nur noch methodische und organisierte Herrschaft über die Natur gibt. Die Welt wird zu einem neutralen Feld für verschiedene, sich gegenseitig bekämpfende Willensstrebungen.

Die instrumentale Neutralität der modernen Technik fußt auf dem Prinzip der Selbstgenügsamkeit. Diese erzeugt im Endeffekt den objektiven Charakter ihrer Ergebnisse. Die Herabsetzung der Wirklichkeit zum Ding weist nun jede andere Bedeutung der menschlichen Technik zurück, und die Herabsetzung der Natur zu einem brauchbaren Objekt, die Verdrängung des Tieres, macht den Weg frei für die Ideologie der *Sachlichkeit* der Wissenschaft. Die *realitas objectiva* wird zur *veritas objectiva et unica*. Deshalb wird das, was die Technik aus der Welt *macht*, zu dem, was die Welt an und für sich *ist*, das heißt eine Welt, die aus rein physikalisch-mathematischen Vorgängen besteht, welche durch die Wissenschaft bloß geordnet werden.

Die wissenschaftlich-technologische Wahrheit erklärt daher schließlich jede andere Auffassung als unecht, trügerisch, primitiv, naiv und irrational. Doch die Wissenschaft selbst ist in Wirklichkeit, so schreibt nicht nur Paul Feyerabend, nur

„eine der vielen Formen des Denkens, die der Mensch entwickelt hat, und nicht unbedingt die beste. Sie ist laut, frech und fällt auf; grundsätzlich überlegen ist sie aber nur in den Augen derer, die sich schon für eine bestimmte Ideologie entschieden haben, oder die Wissenschaft akzeptiert haben, ohne jemals ihre Vorzüge und ihre Schwächen geprüft zu haben. [...] Doch die Wissenschaft ist immer noch König, weil die Wissenschaftler unfähig sind, andere Ideologien zu verstehen, und nicht bereit sind, sie gewähren zu lassen."[5]

Die sachliche Absolutheit der wissenschaftlichen Wahrheiten, diese „besondere Art des Aberglaubens" (Feyerabend), verwirrt und verbirgt die Stellung des Menschen im Gesichtskreis der absoluten Herrschaft der Technik.

Die Vorherrschaft der Technik verwirrt, genauer gesagt, insofern, als sie den Sinn des Weges verbirgt, der sich demjenigen Menschen öffnet, welcher nicht in der Illusion verweilt, die Technik sei ein einfaches Werkzeug, das sich ihm bietet, um den menschlichen Willen zu verwirklichen. Nachdem sich das technologische Tun der Natur zugewendet hat, stößt es nun zur Seele vor, um die universelle Unbedeutsamkeit und den Nihilismus, wie Nietzsche sagt, aus dem Bereich der Natur zur Welt der geistigen Werte auszudehnen. Wenn also der Demiurg tot ist und die kosmische Unbedeutsamkeit ihre Schatten auf die einst „bedeutungsvollen" (von Werten erfüllten) menschlichen Gesichtskreis wirft, wenn die Wirklichkeit den Zielen, Zwecken und Wünschen des Menschen gegenüber gleichgültig und neutral erscheint – was für eine andere Möglichkeit bleibt dann noch übrig als die, einen wissenschaftlichen Realismus anzunehmen, zum Triumphzug der Technik beizutragen und sich mit dem Hochmut der Technik auf die Spitze der Pyramide der universalen Wahrheit zu setzen?

III. Philosophie und Technik

Wenn historisch also auf die Geschichte der Himmel eine Naturgeschichte des Menschen gefolgt ist, so löschen heute nun Physik und Biologie die traditionelle *philosophische Spekulation* aus – das heißt jene Welt, die in

5 P. Feyerabend, *Wider den Methodenzwang*, Frankfurt/M 1976, S. 392 und 397.

einer metaphysischen Sicht des Weltalls gründete und die das Einzelwesen als Begegnung von Wahrheit und Freiheit, als Mittelpunkt der Werte und der Bedeutung verstand. Der Nihilismus löscht darüber hinaus nicht nur die bisherige Geschichte des Begriffs *Welt* an sich aus, sondern er baut auch jeden Begriff von *Unsachlichkeit* ab. So schließt der metaphysische Humanismus des Abendlandes seinen Gang.

Wenn Wissenschaft und Technik auch in der Metaphysik wurzeln, so münden sie heute doch vollständig in den Nihilismus, wo die Technik die Welt der Mythen verdrängt, wo Erde und Himmel auf „Geschehnisse" beschränkt werden, wo der Kosmos jeder Bedeutung entblößt ist, wo der Leib die Seele ihrer Wirklichkeit beraubt, und wo beide – Seele und Leib – außerhalb des Geschehens von Schicksal und zeitlicher Selbstverdeutlichung gestellt werden. Das Offene schließt sich. Das Spiel der Welt wird nun *diesseits* ausgetragen. Denn wenn jede Transzendenz aufgelöst ist, spielt sich ein gewaltiger Kampf zwischen den einzelnen entgegengesetzten Willensstrebungen im Hier und Jetzt des Physischen und Materiellen ab.

Sind wir dennoch sicher, daß Wissenschaft und Technik nicht eine verborgene Wahrheit, einen sinnvollen Gedanken bezüglich des Schicksals und der Aufgabe der abendländischen Vernunft verbergen? Was für einen Sinn hat es, immer nur weiterhin zu wiederholen, daß wir heute im „Zeitalter der Technik" leben, daß wir vormals psychologische Menschen nun zu technologischen Menschen geworden sind?

Es wird uns nicht weiter bringen, wenn wir uns, um solchen Fragen auszuweichen, auf der Suche nach einer zuletzt selbst fraglich bleibenden Antwort einem Glauben anvertrauen, der diese oder jene „Wahrheit" verkündet oder auch exotischen Extravaganzen folgt. Wir würden dann nur weiterhin im Nihilismus, in seinem Rauch von Verblendungen verbleiben. Aber es gibt eine *Notwendigkeit in der Technik*, die in ihren eigenen Ursprung eingebunden ist. Offenbar sind die Sterblichen vor dem Feuer des Prometheus noch immer blind, weil sie diese Notwendigkeit noch nicht sehen. Sie haben aber bereits auf der Lebensebene selbst teil an der Enthüllung eines Eigenen, Besonderen im Wesen der Techne, das bereits Sophokles als „schrecklich" bezeichnete.

Die Technik für *naiv* zu halten, sie als *bloßes Werkzeug* in den Händen des (guten oder schlechten) Willens anzusehen, ihre *innere Notwendigkeit* zu verkennen, bedeutet, zum Spiel der Trugbilder überzugehen und sich selbst naiv den eingangs beschriebenen Lebensbedingungen der Postmoderne auszuliefern – ohne auf die anthropologisch-instrumentale Illusion und die für diese kennzeichnende Ohnmacht zu achten, die sich heute aus der „Verdrängung des Tieres" ergibt.

Die *Ratio* ist dort, wo der *Mythos* nicht mehr ist, der *Mythos* aber dort, wo die *Ratio* noch nicht ist. Deutlich kann man dies in Platons *Phaidros* (XXVII, 247c) nachlesen:

> „Den überhimmlischen Ort aber hat noch nie einer von den Dichtern hier besungen, noch wird ihn je einer nach Würden besingen. [...] Das farblose, gestaltlose, stofflose, wahrhaft seiende Wesen aber, das nur der Seele Führer, die Vernunft, zum Beschauer hat und um das Geschlecht der wahrhaften Wissenschaft ist, nimmt jenen Ort ein."[6]

Von solcher Sichtweise, von hier geht jene Verdrängung des Tieres aus, nach der die Technik durch ihre eigenen Fabeln hindurch zum rein philosophischen und dann rein mathematischen Wissen gelangen kann, um die Wahrheit selbst zu gestalten, welche – weil zuletzt reine Vernunft – schließlich farblos, geschmacklos und unantastbar ist.

Platon baut eine Art *Arche Noah* in Griechenland, um die uralte Weisheit zu erfassen und diese auf die Pfade der Zukunft zu lenken. Doch dieses Unterfangen bleibt, im Rückblick vom Zeitalter der Technik aus gesehen, trotz der Vermittlung durch Sokrates hilflos schwankend. Die uralte, absolute Wahrheit wird schnell zur absoluten Kultur der planetarischen Information: alle glauben gemeinsam, alle glauben dasselbe. Die Wissenschaft geht wahrhaft und sachlich vor, da sie die Wirklichkeit zum Objekt macht. Somit wird das, was die Technik aus der Welt macht, tatsächlich zu dem, was die Welt ist.

Als moderne Fassung der einzig wahren Religion bekleidet sich die Technik mit der Aura einer unbedingten Notwendigkeit, welche sachlich unbestreitbar ist, so daß sich ihre *Wirksamkeit* in absolute *Gültigkeit* verwandelt. Daraus folgt, daß alles, was nicht den Richtlinien und Maßstäben der technologischen Wahrheit entspricht, zwangsläufig als vernunftwidrig

---

6   Platon, *Phaidros*, in: Werke in acht Bänden, Bd. V, Darmstadt 1981, S. 77.

und ketzerisch gewertet werden muß. So erhebt sich die technisch-wissenschaftliche Wahrheit selbst zur absoluten Religion für den Menschen.
Jeglicher Widerhall von Nietzsches Aphorismus ist erloschen: „Und falsch
heiße uns jede Wahrheit, bei der es nicht ein Gelächter gab!"[7] Es gibt weder
Krach noch Ironie in dem betäubenden und schrecklichen Kampfplatz des
technologischen Ernstes.

Doch, eignen wir uns selbst dieses Lachen an und bringen es zum Aus-
bruch, sei es in der Angst vor als auch im Vertrauen auf die Technik. Ver-
nichtet oder gerettet werden durch die Wissenschaft? Das sind die zwei
Vorstellungen, die vor den Augen des zeitgenössischen Menschen stehen,
dieses Menschen, der einerseits ständig in utopischen technischen Planungen
vertieft ist, andererseits der vernichtenden Wirklichkeit der Nicht-Utopie
überlassen ist. In dieser Lage bedrängen ihn gleichzeitig ganz verschiedene
innere Regungen: die *wissenschaftlich orientierte Sicht*, die durch Bacon
verherrlicht wurde, in der Wissenschaft Freiheit, Wohlstand, Erlösung bedeutet, oder auch beim Futuristen G. Wells, wo die Erfindungen Bacons durch
einen phantastischen Traum vom Fortschritt verwirklicht und Darwins Evo-
lutionstheorie vervollständigt wird; die Auffassung der *Wissenschaft als Die-
nerin der Politik*, des Produktionssystems, der sozialen Organisation, wovon
ein typisches Beispiel die sozialistische Utopie darstellt; der *Volksglaube*, wonach die Maschine lebensfeindlich, naturwidrig und menschenfeindlich ist
und eine Gefahr darstellt, wie man bei Zamjatin, Huxley, Orwell und Brad-
bury nachlesen kann; ferner die *Auffassung der Wissenschaft als Feindin*, die
mit der Angst um Unabhängigkeit verbunden ist, weshalb die alles umfas-
sende Wissenschaft erdrückend, rechthaberisch und ungeheuerlich erscheint.
Und dies alles zugleich. Bleibt da nicht nur das Lachen?

Zu Beginn des zweiten Milleniums erleben wir eine große Umwälzung
von Utopien und Nicht-Utopien. Das Gute und das Böse verflechten sich ineinander, und zwar im Bewußtsein, daß die Wirklichkeit gemäßigter ist als
die positivsten und die negativsten Traumbilder. So schreibt etwa Cioran:

> „Von nun an sind unsere Zukunftsträume untrennbar von unseren Ängsten.
> Wir sind heute mit dem Schrecklichen versöhnt, und wir erleben eine An-
> steckung der Utopie durch die Apokalypse. Die beiden Gattungen, die Utopie

---

7   F. Nietzsche, *Also sprach Zarathustra*, a.a.O., Abt. VI, Bd. I, S. 260.

und die Apokalypse, die uns bisher so unvereinbar schienen, durchdringen sich jetzt gegenseitig, färben aufeinander ab und bilden eine dritte, die in wunderbarer Weise geeignet ist, jene Realität widerzuspiegeln, die uns bedroht. Und von nun an werden wir *dennoch Ja* sagen zu dieser Realität, ein korrektes Ja ohne Illusion."[8]

Es erscheint also heute fast unmöglich, zwischen Fortschritt und Katastrophe, zwischen Illusion und Ernüchterung zu unterscheiden. Und daher wird es immer schwieriger, überhaupt über die Technik nachzudenken.

IV. Das Unbewußte oder die Vernunft der Gefühle

Vor noch nicht allzu langer Zeit lebten die Menschen in der Wahrheit der Natur, und die Erde war der Ort, in den man die Vergangenheit einschrieb. Für den modernen, durch die Entfremdung von der Natur gegangenen Menschen ist die Seele das Subjekt, welches sich selbst zu deuten hat, um sich wiederzufinden, und das die eigene Wahrheit ohne Furcht vor Ungeheuern *selbst* wieder aufnehmen muß. Wegen dieser *Strategie der Seele* aber wohnt die Wahrheit nicht mehr in der Harmonie der Welt, in der alle, Gott, Mensch, Tier und Natur, ihren Ort haben. Sondern das Tier wird verdrängt, und der Sitz der Wahrheit wird zum Ort, wo sich die Seelen in Dialog und Streit miteinander befinden. Diese Verlagerung des Mittelpunktes versetzt die mythischen Ungeheuer in das Innere des Menschen, und zwar einem Weg folgend, der seit Sokrates bis zu Vico und Freud seine Richtung nicht geändert hat.

Auf Blatt 43 der *Caprichos* von Francisco Goya wird gezeigt, wie der Schlaf der Vernunft Monster gebiert, und es scheint fast so, als hätte man uns hier schon hundert Jahre vor Freud darauf hingewiesen, daß das Absurde nicht nur möglich ist, sondern daß es sich auch – von einer unwahrscheinlichen, verkannten Wahrheit ausgehend – in die Wirklichkeit hinein bildet. Goyas berühmte Blätter, die 1799 zum Druck gegeben wurden, kündigten letztlich schon die Traumdeutung an, indem sie die moderne und neue Sensibilität aufzeigten, auf den Traum und dessen Wahrhaftigkeit zu achten.

---

8   E. M. Cioran, *Geschichte und Utopie*, Stuttgart 1979, S. 109-110.

Bevor er in sich geschaut hatte, glaubte der Mensch an Sterne, Orakel, Wahrsager, Astrologen, Seher und war Zauber- und Hexenritualen hörig. Er schenkte geheimnisvollen Stimmen aus dem Jenseits Gehör. Die Furcht und die Verzauberung waren stets so groß, daß der nächtliche Mensch im Menschen dem Tagesmenschen in ihm zu Recht antworten konnte, daß erst die verschwommenen und unverständlichen Gestalten imstande seien, den begreifbaren und klaren Dingen Form und Inhalt zu geben. Die Seele des Volkes, bemerkte Freud, geht in diesem Falle so vor, wie sie es auch sonst zu tun gewohnt ist. Sie *glaubt* an das, was sie sich *wünscht*. Der Traum schaut auf die Vergangenheit und spielt auf die Zukunft an – eine Zukunft, die von der aktualen Sehnsucht des Traumes nach Wunscherfüllung geprägt ist. In diesem Zusammenhang raunt in unseren Ohren die Freudsche Definition des Traumes: er ist der Königsweg des Unbewußten, „die verkleidete Erfüllung eines unterdrückten, verdrängten Wunsches."[9]

Was schöpferisch ist, muß sich selbst erschaffen. Die Psychoanalyse ist die Entdeckung der Tiefen der Seele. Freud wird vom Dämon der Psychologie, oder anders gesagt: von den Konflikten der eigenen Seele angezogen, und er gelangt auf dem Weg durch die Selbstanalyse zur Neuordnung der eigenen Geschichte und Wahrheit, wovon sein Erstlingswerk Schatzkarte und Schatz zugleich ist. Freud schreibt in den letzten Jahren seines Lebens:

> „Die Traumdeutung, in der man jenen neuen Beitrag zur Psychologie findet, der die Welt in Staunen versetzte, als er veröffentlicht wurde (1900), enthält, auch meiner heutigen Meinung nach, die wertvollste aller Entdeckungen, die mir jemals geglückt ist. Eingebungen dieser Art passieren, wenn überhaupt, nur einmal im Leben."[10]

Das eben erst vergangene 20. Jahrhundert hat zur Genüge gezeigt, wie die nüchterne Kontrolle der *Ratio*, die stets wachsam und traumlos ist, aus sich selbst heraus eine ganz bestimmte Form von Verwirrungen, Wahnsinnserscheinungen und Ungeheuer entstehen läßt. Das aufklärende und positivistische Licht einer erhellenden wissenschaftlichen Vernunft, die dem Menschen

9 S. Freud, *Die Traumdeutung*, in: Gesammelte Werke II, III, Frankfurt/M 1982, S. 166.
10 S. Freud, *Vorwort* zur dritten englischen Ausgabe der Traumdeutung, London und New York 1932.

Klarheit, Wahrheit und Gewißheit bringen sollte, erlischt langsam durch Verzehrung in sich selbst.

In gewisser Hinsicht teilt die Psychoanalyse anfangs den Optimismus des Ich, die Emphase des erlösenden Ideals der Vernunft – aber nur, um sehr bald das *andere* Antlitz der mit diesem Ideal verbundenen Wissenschaft zu entdecken: den Besitztrieb der Erkenntnis, ihre demiurgische Zielsetzung und ihr Machtstreben, ihre Eigenschaft, eine „schlechte Erkenntnis zu sein", die den psychotischen Teilen von Persönlichkeiten und Gruppen ausgeliefert ist. Freud bemerkt:

> „Der menschliche Intellekt ist kraftlos im Vergleich zum menschlichen Triebleben. Aber es ist doch etwas Besonderes um diese Schwäche. Die Stimme des Intellekts ist leise, aber sie ruht nicht, ehe sie sich Gehör verschafft hat. Am Ende, nach unzähligen, oft wiederholten Abweisungen, findet sie es doch. Der Primat des Intellekts liegt gewiß in weiter, weiter, aber wahrscheinlich doch nicht in unendlicher Ferne."[11]

Freud konnte nicht voraussehen, daß die vollkommene Erfüllung dessen, was er nur als Zukunftstendenz vorgezeichnet hatte, schon in einer von ihm gar nicht so weit entfernten Zukunft, nämlich heute, eintreten sollte. Aber er bemerkte doch bereits eine im *Spannungsfeld zwischen Wissenschaft und Erkenntnis* schwingende Bewegung von der Kohärenz zum Konflikt, von der Wahrheit zum Unwahrscheinlichen, von den großartigen Weltanschauungen zu den pharaonischen Wunschgebilden. Das *Konfliktfeld des Wahren* im Menschen neigt von sich aus dazu, jene Wahrheiten, die als ursprünglich und absolut gelten, von sich zu stoßen, während Gedanken und Gefühlsregungen, die zuweilen sehr tief wurzeln, bewirken können, daß den von Zweifeln befreiten und von Schatten geläuterten Gewißheiten zugleich nachgetrauert wird.

Freuds Entdeckung, daß das Ich nicht einmal Herr im eigenen Hause ist, bedeutet nicht eine Neu-, sondern eine Wiederentdeckung der Psychoanalyse auf den Spuren von Nietzsche, dessen Wissenschaft „fröhlich" eben deshalb war, weil sie nicht der uralten Anmaßung anhing, Wahrheit und Leben miteinander zu verbinden.

---

11 S. Freud, *Die Zukunft einer Illusion*, in: a.a.O., Bd. XIV, S. 376.

„Zwei große Kränkungen ihrer naiven Eigenliebe hat die Menschheit im Laufe der Zeitalter der Wissenschaft erdulden müssen. Die *erste*, als sie erfuhr, daß unsere Erde nicht der Mittelpunkt des Weltalls ist, sondern ein winziges Teilchen eines in seiner Größe kaum vorstellbaren Weltsystems. Sie knüpft sich für uns an den Namen Kopernikus, obwohl schon die alexandrinische Wissenschaft ähnliches verkündet hatte.

Die *zweite* dann, als die biologische Forschung das angebliche Schöpfungsvorrecht des Menschen zunichte machte, ihn auf die Abstammung aus dem Tierreich und die Unvertilgbarkeit seiner animalischen Natur verwies. Diese Umwertung hat sich in unseren Tagen unter dem Einfluß von Darwin, Wallace und ihren Vorgängern nicht ohne das heftigste Sträuben der Zeitgenossen vollzogen.

Die *dritte* und empfindlichste Kränkung aber sollte die menschliche Größensucht durch die heutige psychologische Forschung erfahren, welche dem Ich nachweisen will, daß es nicht einmal Herr im eigenen Hause ist, sondern auf kärgliche Nachrichten von dem angewiesen bleibt, was unbewußt in seinem Seelenleben vorgeht. Auch diese Mahnung zur Einkehr haben wir Psychoanalytiker nicht zuerst und nicht als die einzigen vorgetragen, aber es scheint uns beschieden, sie am eindringlichsten zu vertreten und durch Erfahrungsmaterial, das jedem einzelnen gegeben ist, zu erhärten."[12]

Auf diese Weise hebt die Psychoanalyse die Ich-Spaltung des modernen Menschen als Subjekt des Unbewußten hervor, und zwar über das kartesische *Cogito* und das *Ich* des Galilei hinaus.

V. Wissenschaft = Macht

Zwischen Wissenschaft und Vernunft, zwischen Welt und Erkenntnis besteht keine Identität mehr. Das Auseinanderklaffen von Wissen und Ethik ist im 20. Jahrhundert immer größer geworden. Das beweist uns nicht nur die Bioethik, welche sich gerade angestrengt bemüht, die immer offenbarer werdende Kluft durch künstliche Züchtungen wieder zu schließen. Die fortschreitende wissenschaftliche Erkenntnis sieht für das *Problem*

---

12 S. Freud, *Vorlesungen zur Einführung in die Psychoanalyse*, in: a.a.O., Bd. XI, S. 294-95.

des reinen Lebens an sich immer mehr *technische Lösungen* vor und bietet
sie an. Auf diese Weise hebt sie aber in Wirklichkeit einen Graben zwischen dem Pflanzen- und Tierreich einerseits und der Welt des Menschen
andererseits aus. Denn der Mensch kann nicht auf das Leben reduziert
werden. So wächst dieser Mensch, immer mehr mit technologischen Rü-
stungen gepanzert und gegen das Böse, gegen den Wahnsinn und das Un-
vorhergesehene durch das universale Heilmittel der (ihre Aporien ständig
besser tarnenden) technisch-wissenschaftlichen Stütze geschützt, in die
Illusion hinein, der bevorzugte Bewohner eines Weltalls zu sein, das von
Leid, Tod und Unvollkommenheit endgültig befreit ist – oder zumindest
in Kürze sein wird.

Sollte diese technische Rüstung dieses Menschen jedoch zugleich auch
eine neue Erkrankung der Seele sein, wie heutzutage die Zunahme von
Angst, Depressionen und Geisteskrankheiten nahelegen? Sollte, um es noch
deutlicher gerade heraus zu sagen, gerade das Höchste der Wissenschaft,
jene unkontrollierbare Macht des Handelns, die sich selbst genug ist, eine
Reduktion der Erkenntnis und der Denkfähigkeit hervorgerufen, die Wis-
sensbegierde verdrängt, das Fieber der Lösungen über die Suche nach dem
Verstehen gestellt haben?

Es scheint nicht so abwegig, sich über soviel Unruhe und soviel Eile zu
befragen, die uns jetzt umgibt, über das Aufkommen von Gewalt beim Einzelnen und in der Gruppe, über das tragische Schweigen des oberflächlich
gewordenen Gewissens angesichts der Bedrohung sozialen Friedens, über
den Untergang idealer Gewißheiten. Könnte nicht die Gewalt, von der
geringsten zur schmerzhaftesten, zwangsläufig nur die Kehrseite einer großen Verblendung darstellen, die unser Jahrhundert um das, was gewöhnlich
als Fortschritt bezeichnet wird, aufgebaut hat – und das prahlerisch als Zivilisation zur Schau getragen wird, ebenso wie all das, was derzeit rund um
den gewöhnlichen, in sich unbestimmten Begriff von Wohlergehen und
Glück angeboten wird? Sind wir denn mittlerweile nicht alle unterschwellig
vom folgenden Gedanken besessen: Wenn es die Irren, die Bösen, die Wilden nicht gäbe, würden wir glücklich, mächtig, sozusagen unsterblich sein?
Es kehren die Worte des Aischylos wieder: *Das Leid ist ein Kind des Irrtums und der Torheit des Geistes.* Ist aber unser eigener Zivilisationswahn
nicht auch eine Torheit?

Die Moderne ist ein Zeitalter, das zwar noch überlebt, aber eine Widersinnigkeit ist. Einerseits räumt diese Moderne dem Zauber unserer Kultur gegenüber den Neuheiten und den Entdeckungen der Technik eine Sonderstellung ein. Denn sie weist uns immer wieder von neuem auf die Gedanken hervorragender Wissenschaftler hin, die uns geistige Bezugspunkte gegeben haben, indem sie die Moral, das Gewissen, das Verstehen mit der Idee des Fortschrittes verbunden haben. Andererseits können die Kategorien und Unterscheidungsmerkmale der Moderne der heutigen Erfahrung, dem Zusammenbruch des Volksglaubens an eine Idee des unendlichen Fortschrittes, der Erschütterung der Vision eines immerzu weiter triumphierenden Verstandes, nicht standhalten.

Im Gegensatz zu dieser unitarischen und heroischen Vision ist die postmoderne Landschaft der Gegenwart von Konflikten, Zerstückelungen, Abtreibungen verschiedener Art gekennzeichnet. Sie ist übersät mit den Auswirkungen von Verfolgung und Schwermut, und sie ist gezeichnet von Trauer über das Fehlen jener metasozialen, metaphysischen und metapsychischen Garanten, die noch die illusionäre Stütze der Moderne darstellen. Zusammen mit den apokalpytischen Delirien entstehen manische Verheißungen, Machtträume und das Bedürfnis nach totaler Überwachung. Wir leben daher bereits in einer *psychischen Kultur der Abwehr von innerer und äußerer Gefahr*, nicht mehr in einer Kultur der schöpferisch-spielerischen Bewältigung der Welt. Eine derartige Kultur der Abwehr extremer Gefahren hat zweifellos einen Einfluß auf den Aufbau und die Gliederung der Identität sowie der Individualität. Beweise dafür sind die zunehmenden Forderungen nach einer *Verbesserung* der Rasse zugunsten ihrer *höheren Reinheit* und *Überlebensfähigkeit* (Biotechnologien), der zunehmende *Ausländerhaß* (wie das neuerliche Auftreten rassistischer Kundgebungen, nicht nur in Deutschland, zeigt), die Forderung nach einer immer härteren Gerechtigkeit gegen *das Böse* (Todesstrafe), aber auch das messianische Versprechen der *Sicherheit* gegen jegliche soziale Unordnung oder planetarische Katastrophe durch die Politik.

Die zwangsläufige Folgerung daraus ist, daß das, was Freud 1929 das *Unbehagen in der Kultur* nannte, in den darauffolgenden Jahrzehnten bis heute schließlich zur *Krankheit in der Kultur* geworden ist. Freud bemerkte damals, wie die Menschen sich paradoxerweise eine soziale, zivile und kulturelle Organisation geben, um *das Glück* zu erreichen, doch dieses Ziel gerade *wegen* ihrer Organisation verfehlen. Selbst die erstaunlichen technologischen Errungenschaften der postmodernen Gegenwart tragen, obgleich sie den materiellen und sozialen Wohlstand fördern, dazu bei, daß neue *kulturelle Vor-Bilder* entstehen, welche, des bisherigen humanen Gewebes beraubt, den Raum der Subjektivität letztlich hemmen und einengen.

Die technoid gewordene Wissenschaft verführt den Geist des Einzelnen mit der Hypnose allwissender Trugbilder. Die trügerischen Verheißungen von Allmacht und Unsterblichkeit, in die sich die Technik hüllt, erzeugen im Lauf der Zeit Gewalt. Denn sie steigern letztlich nur die Angriffslust, weil sie das Gefühl des Unglücklichseins vergrößern: ist doch das Glück trotz aller Steigerung immer noch nicht da, sondern im Gegenteil immer weiter entfernt. Die Aggressivität wird zum Sadismus, die Angst vor dem Unbekannten verwandelt sich in innere Ohnmacht. Zu Recht schrieb Freud: „Für ein drohendes äußeres Unglück hat man ein andauerndes inneres Unglück eingetauscht."[13] Man stirbt nun weniger häufig und in immer höherem Alter. Aber der psychische Tod sondert sehr bald das Gift der Verzweiflung ab, verteilt dichte Nebel von Traurigkeit. Ist es nicht so, daß man sich den Tod in der Freude, am Ort eines Friedens ohne Beunruhigung wünscht?

Diese anhaltende, ja sich ständig verstärkende innere Unglücklichkeit *muß* sich früher oder später wieder nach außen kehren, sich auf den Anderen übertragen, ihn als Bösen einordnen, ihn zum Tode verurteilen. Und da gibt es kein Gesetz, keinen technologischen Schutz, der das Geschehen voraussehen könnte oder, noch besser, die Zivilisation gegen die Aggression immun machen könnte.

Der Mensch der Gegenwart kann der Gewalt gegen sich selbst, glaube ich, nur entgehen, wenn er beginnt, in *anderen* Dimensionen zu gestalten und zu bauen, und zwar in *psychischen* Dimensionen – ohne die Verblendung durch die Vision einer totalen Zivilisation und durch die Verheißungen eines vollkommenen Glücks. Der Mensch der Gegenwart muß beginnen, im Bewußtsein des Thanatos zu denken, zu fühlen und zu wollen, unter dem Signum der grauenhaften Macht des eigenen Todes. Eine Ethik unseres Zeitalters kann nur mehr eine *Ethik des Todes* sein – der selbst allerdings nur allzu menschlich ist.

13 S. Freud, *Das Unbehagen in der Kultur*, in: a.a.O., Bd. XIV, S. 487.

VI. Finale

Man muß heute Nietzsches berühmten Satz vom Chaos, das alleine noch einen tanzenden Stern gebären kann, in einen Fragesatz umwandeln: *Habt ihr noch Chaos in euch?*

Seit dem Beginn des Reiches wissenschaftlich-technologischer Wahrheit herrscht der Tod Gottes – und die Einsamkeit des Menschen ohne Wahrheit. Die Gepflogenheiten der Technik, die nur ihrer eigenen mechanischen Anschauung gehorcht, haben die *Werte* schließlich auch aus der *Selbstauffassung des Menschen* beseitigt, nachdem sie sie zunächst aus dem Bereich der Natur verdrängt hatten. Doch gerade während des damit verbundenen schrittweisen Untergangs der abendländischen *Ratio* unter der Herrschaft des Verstandesbewußtseins ist die nachtähnliche Theorie des Unbewußten, der rätselhafte Sprache der Begierde, entstanden. Das Unbewußte stellt nicht nur das andere Antlitz des psychischen Bewußtseins dar. Sondern es deutet auch auf einen Hochmut des Verstandes hin, der nicht aus dem klassischen Wissen herrührt, welches von Aristoteles verkündet und auch von neueren Philosophen erreicht wurde.

Dem *Willen zur Wahrheit* der *Weisesten* (Nietzsche), den universalen technischen Anwendungen, den Verheißungen von Selbstgenügsamkeit und der Macht zum Trotz gibt es einen Menschen, der sich nie vor der Finsternis des Mythos, vor den Schatten der Philosophie, vor dem Licht der Vernunft oder vor den Techniken des Fortschrittes gefürchtet hat. Es ist der Mensch als *Subjekt des Unbewußten*, als Ort der *menschlichen* Leidenschaften, welche in ihrem Streben nach dem Unbekannten aufregend – und zugleich ein Zerrspiegel von unergründlichen Tiefen sind.

Durch die Technik

„hat sich der Mensch selbst jenen Idealen von Allmacht und Allwissenheit genähert, die einst nur den Göttern vorbehalten waren, und ist selbst eine Gottheit geworden. [...]

Er ist sozusagen eine Art Gott-Prothese geworden, wirklich herrlich, wenn er mit allen seinen dazugehörigen Hilfsmitteln ausgerüstet ist. [...] Die künftigen Zeiten halten neue und vielleicht undenkbare Fortschritte auf diesem Gebiet, das die Zivilisation angeht, bereit und werden die Ähnlichkeit des Menschen mit Gott noch größer erscheinen lassen. Doch vergessen wir nicht, daß der heutige Mensch, in seiner Ähnlichkeit mit Gott, sich nicht glücklich fühlt."[14]

So hat es Freud im Jahr 1930 niedergeschrieben. Das Risiko einer solchen Verbindung von Allmacht, Narzißmus und Unglück des Menschen ist *heute* in den Entdeckungen der Biotechnologie, der genetischen Findigkeit und der technologischen Wissenschaft im allgemeinen mehr denn je gegenwärtig.

Die Erreichung einer unbegrenzten *Macht über die Natur* und die damit einhergehende Verdrängung des eigenen Bewußtseins, ein *Geschöpf* zu sein, haben den Wahrheitsmaßstab, welcher vormals Gott zu eigen war, dem Menschen übertragen. Die christliche Auffassung des *Heils* wurde an die grenzenlose Macht einer nihilistischen Wahrheitsanschauung, an die Verheißungen der Manipulation, des Experimentierens, der Spekulation, der Planung, der Freiheit übertragen.

Dazu bemerkt Silvia Vegetti Finzi:

„Durch viele Jahrhunderte war die Verkündigung, bei welcher die Jungfrau Maria still das Haupt senkt, indem sie die Worte des Engels vernimmt, die sie zur Mutter erklären, das Vorbild der Mutterschaft. Doch der wissenschaftliche Fortschritt hat diese Verzückung gebrochen und den Vorgang der Fortpflanzung auf eine biologische Dimension zurückgestuft. Somit trat an Stelle einer übernatürlichen eine unpersönliche Notwendigkeit."[15]

Die gegenwärtige *Allmacht* und *innere Verzweiflung* des Menschen sind zuletzt nur die beiden Gesichter ein und desselben Strebens: die Technik in ihrer globalen Herrschaft und unaufhaltsamen Entwicklung zu beherrschen. Die euphorische Hyperaktivität, das atemberaubende Tempo des Daseins laufen Gefahr, in eine depressive Leere und in eine sich damit einstellende *nichtige* Todesempfindung abzugleiten – in den zerreißenden Widerspruch zwischen der immer größeren Fülle der sich anbietenden Möglichkeiten und dem Kern der individuellen Depression des Hier und Jetzt, in dem sie sich wiederfinden.

14 Ebda., S. 450-51.
15 S. Vegetti Finzi, *Procreazione assistita e perdita d'identità nell'epoca della tecnica*, in: Individuo e società nel pensiero psicoanalitico e filosofico contemporaneo, a cura di A. Panepucci e T. Piacentini Corsi, Milano 1997, p. 80 (Übersetzung R. B.).

Viel tiefgehender noch als der Tod Gottes ist das *Absterben der Wahrheit*, nachdem die großen Errungenschaften der abendländischen Tradition nicht mehr als Wahrheit verstanden werden können. Nach Nietzsches Wort *Gott ist tot* erscheint das technische Machtstreben als eine sich selbst überlassene Gier auf physische Werte. Als ihr Gegenstück stehen der Zusammenbruch des immateriellen Wertangebots, die Verfinsterung der Wißbegierde und der Kreativität. Der Untergang der Wahrheit befragt uns daher über die Gegenwart – über die Herrschaft der Technik, die zuletzt ein *Paradies ohne Wahrheit* ist.

Doch ein Paradies, das sich nicht wenigstens auf die Wahrheit der *eigenen* Herrlichkeit stützt, muß sich zwangsläufig als Ort der Angst – als Hölle offenbaren. Gerade deshalb muß sich die Technik immer stärker und immer unablässiger *selbst verherrlichen*. In der ewigen Wiederkehr des Immergleichen in der heutigen unendlichen Selbstverherrlichung und Selbstbezüglichkeit der Technik ist, um es mit Galimberti zu sagen,

> „der Schlußakt jenes vom modernen Zeitalter eröffneten Szenariums erreicht, wo die Herrschaft der Technik, die durch das Abdrängen der Theologie ins Nichts eingeleitet wurde, noch als Mittel im Dienst des Menschen gedacht werden konnte. Es war dies ein uralter Gedanke, der den Tag noch nicht vorausahnte, an dem das Mittel sich zuletzt ganz umwandeln, den Untergang des Reiches des Menschen bestimmen und die Technik als Absolutes einführen würde.“[16]

Daher erscheint es als unumgehbare Aufgabe der Gegenwart, die Fähigkeit zu entwickeln, *vorauszusehen* (Prometheus heißt wörtlich: derjenige, der voraussieht) – und sich also gleichsam *von einem Standpunkt der Zukunft* her *die letzten Folgen seines Tuns in der Gegenwart* vorzustellen. Dies, um sich an den Grenzen der Gesichtskreise der eigenen Zeit zu messen – in der Bemühung, diese anzuschauen und sie dadurch gleichsam *in Geistesgegenwart* bereits zu *überholen*. Wird dies gelingen?

---

16 U. Galimberti, *Psiche e techne. L'uomo nell'età della tecnica*, Milano 1999, pp. 318 und 715 (Übersetzung R.B.).

Nachwort
Die Wiedergeburt des Menschlichen aus dem Geist der Technik? Selbstexpansion der Technik und Aufstieg der individuellen moralischen Intuition

I. Das Denken der Technik in Italien

Das zeitgenössische Denken der Technik in Italien zieht an, weil es sich fast nackt präsentiert. Es entledigt sich wie kaum ein anderes der meisten Hüllen: der legitimatorischen, der absichernden wie auch der eindrucksheischenden – um *aus sich selbst heraus* zu sagen, was ist. Es tut dies in einer subjektiven Einseitigkeit und Irritabilität, die für die Regeneration der gesellschaftlichen Urteilskraft heute und voraussichtlich auch in Zukunft notwendig ist.

Dabei nimmt dieses Denken durchaus in Kauf, sich ins Zwielicht zu begeben. Es gerät – zumindest in seinen besten Manifestationen – sehenden Auges in Abgründe. Es gerät in Schwarzes,[1] das noch kaum absehbar ist. Aber es erklärt *gerade* dort, wo es belangvoll ist, das Beirrende und das Ausweglose zur Vorbedingung für die Schärfe seiner Vernunft – das heißt zur Voraussetzung für die sich selbst beglaubigende individuelle Willensentschiedenheit seines Eindringens in das Neue. Und noch mehr: es macht das in seiner Bewegung stets spürbar mitschwingende *Risiko des Irrtums und des Geratens in Ausweglosigkeit* sogar zum *Kriterium seiner eigenen Authentizität*.

Es ist deshalb eine charakteristische *Doppelhaltung*, die das gegenwärtige italienische Denken der Technik tendenziell auszeichnet. Es ist die *immanente* Doppelhaltung einer Vernunft, die das in ihr stets gleichursprünglich mitschwingende *Andere* gleichberechtigt in ihre reflexive Bewegung einzubeziehen sucht. Deshalb kann das italienische Denken *einerseits* einen unerbittlichen, streng logischen und ernsten, aber *andererseits* auch einen immer wieder halb spielerischen, jedenfalls provokanten Umgang mit dem

---

1   Vgl. M. Lorenzen, *Das Schwarze. Eine Theorie des Bösen in der Nachmoderne. Literarisch-philosophischer Essay*, Marburg 2001.

Unbekannten wagen. Gewappnet mit der Ambivalenz seiner eigenen, sich nie in ein Letztes auflösenden, nie endgültig deklarierenden Zweischneidigkeit kann es in die äußerste Dunkelheit zielen, um zu sehen, was sich ergibt, wenn man sie *erträgt* – und was möglicherweise antwortet, wenn man es versuchsweise mit dieser Dunkelheit aufnimmt. Das gegenwärtige italienische Denken der Technik wagt sich dabei in einen Abgrund, der keineswegs nur intellektuell oder virtuell, sondern *real* ist. In diesem Abgrund sucht es – nicht ohne Schaudern – zu verweilen, um das Neue zu *vernehmen*. Vielleicht auch, um sich an es – in Voraussicht auf das Kommende – zu *gewöhnen*.

Unsere Zeit scheint für eine solche Haltung ambivalenter Wahrnehmungsfähigkeit reif. Denn ihr entspricht das *wirkliche innere Grundgefühl* unserer postmodernen Zeitgenossenschaft, die sich am Beginn des 21. Jahrhunderts nicht ohne Überraschung und inneren Zwiespalt vor der wahren Dimension des Technikrätsels wiederfindet.

Vor dieser Dimension muß die Anerkennung und Einbeziehung des unaufhebbaren Risikos der eigenen Bewegung und ihrer potentiellen Doppelseitigkeit tatsächlich immer mehr als das zentrale Kriterium der Authentizität des Denkens gelten. Denn *jedem wahrhaft zeitgemäßen* Bemühen um anschauendes Erkennen wohnt heute schon in seiner primordialen, elementaren Lebensbewegung das Risiko eines unhörbar mitschwingenden Zweiten, eines Doppelgängerhaften, eines Irrtümlichen wie auch eines Beirrenden gleichsam ursprünglich inne. In diesem Zwielicht lebt der heutige Geist der Anschauung *auch*, ja *muß* er immer mehr leben, um als sich ereignender unter Gegenwartsbedingungen seine Gegenstände überhaupt noch zu erkennen.

Daher entkommt heute kein Denken der Technik, das sich ernsthaft mit seinem Gegenstand verwandt zu machen sucht, seiner eigenen „anderen", dunklen Seite. Im Gegenteil: es muß gerade in seinen *eigenen* Ambivalenzen und Abgründen die Ambivalenzen und Abgründe des Wirklichen wiederfinden. Denn das gegenwärtig in qualitativ und quantitativ neuer Weise hervortretende Wesen der Technik, das zum Wesen des Wirklichen wird, ist selbst in unübersehbarem, immer „reinerem" Maß vom Wesen des Ambivalenten, des Beirrenden und Irrtümlichen gekennzeichnet.

Neben der Steigerung der Möglichkeiten der Welteinrichtung treten heute auch die Niedergangskräfte für das Menschliche im Wirken der Technik in bisher unbekannter Weise ins Offene hervor. Und dies, *obwohl* oder *gerade weil* dieses Technische zugleich mit dem Hervortreten seiner zusehends autonom werdenden Aktivität in einen einerseits *mikro-* und andererseits *makroskopischen* Raum *verschwindet* – und dadurch zum unsichtbaren Zweiten *im* Menschlichen und *um* das Menschliche *herum* wird. Die Technik durchdringt sowohl die Umwelt wie auch den Menschen selbst immer tiefer – und macht sich dabei zugleich immer unauffälliger und unsichtbarer. Mensch und Technik gehen in einer doppelten Bewegung ineinander über.[2] Das ist ein wesentlicher Grund dafür, warum die Technik heute erstmals nicht nur das *Sein*, sondern auch das *Wesen* des Menschen selbst zur Veränderung ins Auge zu fassen vermag.

Dazu kommt – und das ist das alles Entscheidende –, daß diese unterschwellige Durchdringung des Menschlichen gerade präzise in einer Zeitsituation geschieht, *in der das Wesen des Menschen weniger denn je im Gesichtskreis des geistigen Interesses der Epoche steht* – und daher auch weniger denn je Gegenstand ernsthafter Diskussion sein kann. Denn die Bedingungen im Inneren des zeitgenössischen Wissens sind selbst weitgehend technoid gefärbt und erlauben eine Diskussion auf der Basis von Wesensbegriffen nicht.

So herrscht, wenn auch in vielfacher Weise abgeschwächt, differenziert und sublimiert, in den Naturwissenschaften im wesentlichen ein *instrumenteller Funktionalismus*, in den Sozialwissenschaften ein *instrumenteller Behaviourismus und Darwinismus*, in den Geisteswissenschaften ein *instrumenteller Nominalismus* vor. Und alle drei basieren auf eben jenen kausalen Denkmustern des Materialismus, dem auch das heute vorherrschende Verständnis der Technik entspringt.

Unter diesen Bedingungen unterschwelliger geistiger Verwandtschaft ist das *Wesen des Menschen* gar nicht wirklich in Unterschied und Differenz zur weitgehend internalisierten *technischen Ideologie* zu denken. Und daher

---

2   Vgl. für die Bewegung in die Mikrodimension u. a. W. Held, *Die Technik verschwindet*, in: Das Goetheanum, Ausgabe 1998/41, S. 598, sowie J. Markoff, *Scientists, using new material, push toward tinier computers*, in: The New York Times, 27.04.2001, S. 1. Für die Bewegung in die Makrodimension vgl. u. a. J. Heisterkamp, *Wissenschaftler schlagen Änderung der Umlaufbahn als Lösung für Erderwärmung vor*, in: http://www.info3.de/cgi-bin/yforum/yforum.cgi?forum=archiv/news/080201&cfg=0.

erübrigt sich letztlich auch jede vertiefte Diskussion. Das Wesen des Menschen ist für die Gegenwart in Wirklichkeit Gegenstand der experimentellen Tat, nicht der anschauenden Differenzierung.

Peter Sloterdijks *Regeln für den Menschenpark* und die darauffolgende Debatte haben diese Lage und die ihr zugrundeliegenden Sachverhalte für den deutschen Sprachraum erstmals vor Augen geführt und auf einen allgemeinverständlichen Nenner gebracht. Sie haben kraft Provokation und Erregung die durch die Wissensparadigmen der Gegenwart verdrängte, aber unter den Bedingungen der bereits begonnenen *Neuerfindung des Menschen durch den Menschen* längst überfällige Frage nach dem *Wesen des Menschen* zur öffentlichen Frage gemacht. Darin liegt ihr Verdienst. Allerdings blieb es bei dem Aufschrei und einer kurzen, wenn auch intensiven Debatte, der dann wieder die altbekannte, im Ganzen gespenstische Ruhe folgte.

Ähnliche öffentliche Paukenschläge gab es in den vergangenen Jahren in Italien nicht. Dort wurde und wird die Diskussion eher kontinuierlich geführt und durch dauernde Interventionen von verschiedenen Seiten offengehalten. Das ist angesichts der wechselnden Zeitläufte auf der Halbinsel auch gar nicht anders denkbar. Es war in Bologna, wo es schon in den 80er Jahren – also lange den entsprechenden Freigaben durch nationale und europäische Verwaltungen – möglich war, einen abgetrennten weiblichen Uterus hinter Glas künstlich am Leben zu erhalten und an ihm Fruchtbarkeitsexperimente vorzunehmen. Es waren italienische Wissenschaftler, die Ende der 90er Jahre öffentlich vorschlugen, man solle Hunden experimentell menschliche Gehirnzellen einpflanzen. Denn es könne möglicherweise vorteilhaft für deren Besitzer sein, wenn ihr Hund sprechen könne. Und es war nicht zuletzt ebenfalls ein italienischer Vorstoß, 2000 als Vorreiter in der EU per Ministerdekret sowohl ein zeitweiliges Verbot des Klonens menschlichen Zellmaterials wie auch ein Verbot der Einfuhr gentechnisch veränderten Saatgutes zu erlassen – was wütende Proteste der Befürworter zur Folge hatte.

Vor diesem wechselnden Hintergrund ist die öffentliche Dauerdiskussion Italiens über die Technik und ihre realen Veränderungsperspektiven zu verstehen. Die Diskussion um die humane und geistige Dimension der Technik war spätestens seit Anfang der 80er Jahre immer mehr oder weniger stark in der öffentlichen Sphäre des Landes präsent. Allerdings in etwas anders gefärbter Form als in Mitteleuropa: historisierender, melancholischer, nihilistischer, dunkler, verzweifelter. Und auf der anderen Seite konformistischer, den allgemeingültigen Regeln übergeordneter ethischer Glaubens- und Ordnungssysteme treuer vielleicht auch. Für die gegenüber Mitteleuropa andere, in vielerlei Hinsicht komplexere Färbung der Technikdiskussion in Italien waren und sind vor allem *drei* Gründe ausschlaggebend.

Erstens der nach wie vor starke öffentliche *Einfluß der katholischen Kirche*, die konfessionelle Haltungen zur Technik geltend macht. Sie sucht zwecks Weiterführung des traditionellen katholischen Kulturhumanismus ein radikales Denken der Phänomene aus sich selbst heraus tendenziell zu verhindern. Dadurch fördert sie aber paradoxerweise nur die Motivation zu einem solchen Denken, und sie stärkt es indirekt an Kraft und Konsequenz.

Zweitens der nach wie vor starke *Einfluß der Links- und Rechtsideologien sowohl kommunistischen wie auch faschistischen Ursprungs.* Beide politisch-sozialen Strömungen entstammen im wesentlichen dem Materialismus des 19. Jahrhunderts. Sie tragen in ihren heute in Italien aktiven Nachfolgeorganisationen den traditionellen Modernitätsimpetus samt der ihm eingeborenen Technophilie tendenziell ungebrochen voran. Und sie suchen daher Grundsatzkritik am technischen Fortschritt weitgehend als bürgerlichen Mystizismus, Konformismus und Transzendentalismus abzutun. Dadurch fördern sie aber paradoxerweise umgekehrt nur die Aufdeckung immanenter mythologischer, konformistischer und metaphysischer Perspektiven im gegenwärtigen Wirken der Technik.

Ein *dritter* Grund für die Komplexität des gegenwärtigen Denkens der Technik in Italien reicht noch weiter zurück. Er betrifft die Herkunft der *geistigen Grundschicht, des ideellen Substrats des italienischen Denkens selbst.* Inwiefern?

Das italienische Denken der Technik ist in seiner Beziehung zur Technik vermutlich deshalb konsequenter – und daher in gewisser Weise auch verzweifelter – als die Denkgesten anderer Regionen Europas, weil es selbst dem Wesen der Technik verwandter ist und ihm näher steht als jene. Der Geist auch noch des heutigen italienischen Denkens stammt aus dem römischen – das heißt aus einer gewissen Art der rationalen und logisch-instrumentellen Weltbetrachtung, die sich auf der Halbinsel erstmals herausbildete. Der römische Geist bildete nicht nur die Grundlage für das moderne Rechtsleben, sondern auch für die spätere Entwicklung der modernen

Wissenschaft. Er stellt – in durchaus komplexer und widersprüchlicher Weise und in seiner Erscheinung verwandelt – die paradoxale Grundschicht auch noch der heutigen italienischen Mentalität dar. Italienisches Denken ist in innerer Logizität und Aufbau in vielfacher Weise selbst ein weit rationaleres und technischeres als das mitteleuropäische, auch wenn gängige Klischees über Italien das Gegenteil vermitteln. Die rationale Grundkonstitution dieses Denkens hat sowohl mit seiner historisch-systematischen Prägung als auch mit seinen logischen Sprachformen zu tun.

Das italienische Denken der Technik beginnt heute, sich dieser ursprünglichen Nähe in vielerlei Hinsicht neu bewußt zu werden. Es erwacht für die Verwandtschaft einer bestimmten Färbung des Geistes der Technik mit der Färbung in seinem eigenen Geist. Von daher die Nähe, ja geradezu das Symbiosehafte, das am italienischen Denken der Technik als unmittelbare Nachbarschaft zu seinem Gegenstand erfahren werden kann. Von daher aber auch die von diesem Denken stärker als in anderen europäischen Denkregionen empfundene *ursprüngliche Verwandtschaft* des Menschen mit der Technik – wie auch seine Empfindung der *Unausweichlichkeit* des heutigen Näherrückens der Technik ins *Innere* des Menschen. Und von daher, in die Zukunft vorausgedacht, auch sein Vorgefühl einer möglichen metamorphosierten *Neuentfaltung des Menschen aus dem Inneren der Technik heraus*.

Diese drei Gründe zusammen geben dem italienischen Denken der Technik sein besonders Gespür für das Unheimliche im Immanenten des Faktischen. Sie geben ihm aber auch seine innere Konsequenz und seinen besonderen – vom Element des Spielerischen nur ambivalent aufgehellten – Ernst, der weniger in einzelnen Inhalten, als vielmehr in seiner ganzen Grunddisposition spürbar wird.

Man hat der italienischen Philosophie der Nachkriegszeit bis in die 90er Jahre oft eine zu starke Liebe zu rethorischen Figuren, manchmal auch ein zu leichtfüßiges Verfallen in spielerische Schattenkämpfe nachgesagt. Und man hat ihr immer wieder eine zu unkritische Hingabe an die Gesetze des Empfindungs- und Gefühlshaften, das heißt der vorsprachlichen Innerlichkeit vorgeworfen. Diese begleitet die philosophische Investigation zwar stets und unausweichlich. Sie wurde aber in Italien im 20. Jahrhundert vor allem in der Nachfolge des deutschen Idealismus in der Tat stärker als anderswo thematisiert, zum Teil aber auch einfach als immanenter Einfluß wirksam.

Das ist jetzt offenbar weitgehend vorbei. Die neuen italienischen Denker der Technik gehen in Aussagesätzen vor. Sie lassen großteils einen bewußt rationalen, zum Teil in seiner Klarheit und Distanziertheit sogar lakonischen Ton vernehmen. Dieser Ton konstituiert eine Art von negativer Metaphysik ganz eigener Charakteristik. Man fühlt, wie hier im Stil einer besonnenen, rationalen Treibjagd das Untersuchungsfeld systematisch durchkämmt wird, bis das Gejagte in einer Sackgasse sitzt. Und dann? Wird es betrachtet. Seltsamer Augenblick der Symbiose von Jäger und Gejagtem.

Manche der neuen italienischen Denker gehen dabei in ihrer Beweisführung des *Untergangs alles Bisherigen* des abendländischen Geisteslebens über die meisten herkömmlichen Denkversuche hinaus. *Sie stoßen bis an die Grenze des Menschlichen zum Unheimlichen und Gnadenlosen, und genau darin allerdings auch schon zu einer neuen Art von postmoderner Transzendentalität vor – genau wie die Technik selbst.*

II. Das Grundmotiv des italienischen Denkens der Technik und seine Richtungnahme

Was aber weisen die italienischen Denker der Technik nun tatsächlich nach? Worauf legen sie den Finger, worauf beharren sie in der Betrachtung des gegenwärtigen Wirkens der Technik?

1. Ihre Kernaussage besteht in der Feststellung, *daß das Wesen der Technik zugleich das Wesen des Menschen sei*. In der heute erstmals über die Schwelle des Menschen hinauswachsenden, von der Wirklichkeit des realen Einzelmenschen abgelösten Technik verwirkliche sich also nur die höhere, metaphysische, „übermenschliche" Form seines eigenen *Typus*.

2. Wo die Technik als das „höhere" Wesen des *Typus* Mensch durch Zurückwendung auf sich selbst (Selbstreferentialität) ins Stadium ihrer Vervollkommnung gelangt, kommt dieses Wesen an die Schwelle seines natürlichen Endes und zugleich seines Neubeginns. Die vollkommene Realisation des Wesens der Technik muß, den Gesetzen des Werdens zufolge, zugleich der Beginn seiner eigenen Selbstüberschreitung und daher seiner Metamorphose sein. Das ist heute der Fall. *Wenn das Wesen der Technik zugleich das Wesen des Typus Mensch ist, dann wird das Wesen des bisherigen*

Menschen durch die gegenwärtige Selbstvervollkommnung und Selbstüber-
schreitung des Wesens der Technik aufgehoben. Das Wesen des Menschen
muß neu bestimmt werden.

3. Die Technik verwirklicht sich also, indem sie das Wesen des *Typus*
Mensch metaphysisch-objektiv verwirklicht – und dadurch zugleich die
bisherige Gestalt dieses Typus durch Vervollkommnung überwindet. *Der*
Mensch als Typus metamorphiert; als bisheriger ist er tot. Es wird Raum für
einen anderen Menschen. Anders gesagt: das typologische Normalsein des
heutigen Menschen wird den neuen, durch die Technologie geschaffenen
Bedingungen nicht mehr gerecht. Es braucht eine *Verwandlung seiner*
Grundverfassung. Diese Verwandlung des bisherigen Menschen ist in verschiedenen Weisen denkbar. Eine mögliche Weise der Verwandlung ist das
Sich-Erheben des „technologischen" Menschen des 21. Jahrhunderts auf
eine andere, möglicherweise *höhere Stufe innerer Präsenz* („psychische
Erweiterung" zur individuellen Geistesgegenwart) und *geistiger Fähigkeit*
(„prometheische Voraussicht", Anschauen des Gegenwärtigen in einer Art
Rückblick aus der Zukunft als neue Zentralkategorie einer individualisierten
moralischen Intuition).

Wir haben also, noch einmal anders besehen, einen Gesamtprozeß vor uns,
der heute durch die Revolution der Technik ausgelöst wird und im wesentlichen aus *drei* Teilen oder Stufen besteht. Es ist *erstens* die schrittweise Ent-
äußerung und Autonomisierung des Wesens der Technik vom Typus Mensch,
der zwar ihren Ausgangspunkt und ihre Grundlage darstellte, aber nun hinter
ihr zurückbleibt. Es ist *zweitens* die beginnende Überwindung des Typus
Mensch durch die Selbstbezüglichkeit des autonom werdenden Wesens der
Technik zur transzendentalen Kraft an sich selbst, die nach eigenen Gesetzen
zu wirken beginnt. Und es ist *drittens* die dadurch notwendig werdende Neuerfindung des Menschen durch sich selbst.

In diesem Gesamtprozeß, in dem die Gegenwart ihrem Kern nach
besteht, kommt nun, so deuten die italienischen Denker der Technik an,
möglicherweise ein *Neues* zwischen Technik und Mensch zum Vorschein.
Dieses Neue gebiert sich, wenn es denn mehr als eine Illusion ist, *in actu*
aus dem Metamorphoseprozeß des Humanen als Typus. Obwohl dieses Neue
in seiner vollen Qualität noch weitgehend unbekannt ist, ist doch in Ansätzen bereits absehbar, daß es einer *anderen Qualität des Menschlichen*

Ursprung geben könnte – und zwar eben durch die *Freisetzung* des Wesens des Menschen *aus* der Technik, die dieses nicht länger in sich tragen will, weil sie sich selbst *in sich* vervollkommt und dadurch das Menschliche aus sich *herausstoßen* muß. Diese Herausstoßung und Freisetzung könnte das Bisherige des Typus Mensch in eine noch weitgehend unbekannte Dimension des untypischen, das heißt nicht mehr typologischen Menschlichen wenden. *Die noch weitgehend unbekannte Dimension, um die das gegenwärtige italienische Denken der Technik ahnend kreist, könnte ein in Praxis und Selbstverständnis anderer, möglicherweise „höherer" Mensch sein, als er es vor der Totalisierung und damit Verselbständigung einer Technik, welche ihn stets im Wesen seines Typus festhielt, sein konnte und real war.*

Zusammenfassend weisen die italienischen Denker also nach, daß Technik und Mensch heute untrennbar ineinanderwirken. Das Technische wurde einst aus dem Geist des Gattungswesens Mensch geboren. Nun geht dieses Gattungswesen Mensch in gewisser Weise durch das Wirken des Technischen unter. Es ist noch nicht sicher, aber es kann sein, daß das Menschliche nach dem Durchgang durch diesen Tod, nach seiner Freisetzung aus der sich verselbständigenden Technik als höheres wiedergeboren wird – diesseits seiner typologischen Festlegungen, als rein individuelles.

Dieses Gedankenmotiv ist ebenso gewaltig, wie seine vorläufig *spekulative* Konstitution nicht zu verbergen ist. Ein vergleichbares Grundmotiv wie dieses findet sich zwar auch im mitteleuropäischen Denken mit seinem idealistischen und, wenn auch in ganz anderer Blickrichtung, im angelsächsischen Denken mit seinem pragmatischen Willensimpetus. Doch im italienischen Gedankenleben ist es feinstofflicher, unausweichlicher und in gewisser Weise auch unheimlicher präsent.

Der Rede des italienischen Denkens der Technik vom Wesen des Menschen, das deckungsgleich mit dem Wesen der Technik sei, ließe sich freilich sogleich manches entgegenhalten.

1., daß weder das Wesen der Technik noch das Wesen des Menschen bisher überhaupt *gedacht* wurden – gerade nicht von den abendländischen Strömungen, die das zu tun vorgaben. Und daß es daher unmöglich ist, vom *Wesen* des Menschen als vom Wesen der Technik zu sprechen. Damit allerdings würde auch das Fundament alles Folgenden obsolet.

2., daß eine diametral entgegengesetzte Sichtweise ebenso möglich ist: daß also das Wesen des Technischen und das Wesen des Menschlichen zwei einander *fundamental entgegengesetzte* Ausprägungen Ein und Desselben sind, die *im* Selben der historischen Wirklichkeit um die Vorherrschaft streiten. Aber mit dieser Entgegnung würde man nur wieder bei einer Spielart der alten dichotomischen Systematik der abendländischen Tradition landen. Und das wäre kaum weiterführend.

Immerhin, Einwände wären mit gutem Recht möglich. Aber hier geht es nicht um die Entkräftung der Grundintuition der italienischen Denker der Technik. Die Herausforderung liegt vielmehr in ihrer *konsequenten Durchführung* und *vorläufigen Vollendung.*

Wie also wäre es konkret, wenn aus dem gegenwärtigen Triumph der Technik und aus dem damit latent verbundenen Tod des *Typus Mensch* tatsächlich *das Menschliche* wiedergeboren würde? Und zwar – als *höheres* wiedergeboren? Was müßte das für das Hier und Jetzt des geistigen Augenblicks der Gegenwart konkret heißen – *diesseits* aller bloß nietzscheanisch (das heißt ästhetisch-materialistisch) bleibenden Spekulationen,[3] aber auch *jenseits* aller bloß korrekt (das heißt wohlwollend) bleibenden Restaurationsversuche des „Vernünftigen" durch einen in der Tat (und durch die Tat) überholten Schulhumanismus?[4] Wo können wir – zumindest im Ansatz – das zentrale Moment einer möglichen „höheren" Neugeburt des Menschlichen nach dem Durchgang des Typus Mensch durch den Tod der Technik konkret und praktisch fassen? Das ist die entscheidende Frage, die sich einem produktiven Bewußtseinsversuch aus dem gegenwärtigen italienischen Denken der Technik ergeben muß.

---

3 Denen der größere Teil der bisher anerkannten „Postmoderne" verfallen ist, weshalb er für die technisch-naturwissenschaftlich geprägte Gesamtkultur zwar als relativistischer „Überbau" nützlich ist, aber für mehr und Grundsätzlicheres der Selbsterneuerung wenig taugt.

4 Vgl. dazu u. a. L. Ravagli, *Der Mensch jenseits des Humanismus*, in: Die Drei, Nr. 11/99, Stuttgart 1999, S. 21-32.

III. Die Radikalisierung der individuellen moralischen Intuition

Um Hinweise auf die Beantwortung dieser Frage zu finden, müssen wir uns die Situation etwas genauer vergegenwärtigen, in der der Tod des *Typus* Mensch in Wirklichkeit stattfindet.

Wir befinden uns in den ersten Jahren des 21. Jahrhunderts in einer *Übergangsperiode* zwischen der bisherigen *Suche nach einer normativen Ethik für den Typus Mensch*, die die Moderne kennzeichnete, und der *endgültigen Freisetzung der individuellen menschlichen Intuitionsfähigkeit für sich selbst*, aus der die technisch inspirierte „Postmoderne" substantiell (wenn auch noch weitgehend unbemerkt und wissenschaftlich unbegründet) ihr Kraftpotential zieht. Die Authentizität der modernen Suche nach einer normativen, allgemeingültigen Ethik für den *Typus* Mensch zerfällt langsam, aber unaufhaltsam. Das zeigt nicht nur die zunehmende Hilflosigkeit der sogenannten Ethikkommissionen, die der faktischen Ethik des Technischen aufgrund ihrer eigenen technischen Denkweise stets nur Varianten seines Eigenen anbieten können. Es wird auch durch den realen Lebensstil und den konkreten Fortschrittsinstinkt des Einzelnen angezeigt. Sowohl Lebensstil als auch Fortschrittsinstinkt sind so verfaßt, daß die Möglichkeit einer Unterwerfung unter allgemeingültige ethische Normen mittlerweile gar keiner Diskussion mehr fähig ist.

Das Entscheidende – aber noch oft Übersehene – in dieser Situation scheint mir nun, *daß heute moralische Handlungsentscheidungen gerade wegen des universalen Wirkens der Technik vom Typus Mensch in das Personale des Menschlichen übergehen und dort zu einer absoluten Verankerung kommen, die neu ist. Denn im Zeitalter der absolut, autonom und selbstreferentiell werdenden Technik wird im Prinzip jede kleinste Alltagsentscheidung des in ihr wohnenden individuellen Menschen zur spezifisch personalen moralischen Entscheidung.* Was genau ist damit gemeint?

1. Die Technik ist zwar die ultimative Verwirklichung der neuzeitlichen westlichen Metaphysik, das heißt des typologisierenden und verallgemeinernden, abstrahierenden Denkens. Aber paradoxerweise ist sie aus der Sicht des praktischen Lebensalltags der Postmoderne zugleich auch *der Anfang des endgültigen Endes jedes abstrakten und typologisierenden*

Denkens. Denn es gibt gerade unter ihren Auspizien zunehmend nur mehr konkrete – und keine allgemeinen Urteilsfälle mehr.

Dazu nur ein praktisches Beispiel. Ich bin grundsätzlich und im allgemeinen gegen die Gentechnologie. Aber meine Frau stirbt. Sie könnte durch gentechnologisch erzeugtes Gewebe gerettet werden. Entscheide ich mich nun für dieses Gewebe – und also für die Gentechnologie – oder dagegen?

Hier gilt kein abstraktes und verallgemeinerndes Urteil mehr, sondern nur mehr die *radikal individuelle moralische Intuition,* die bis an die äußerste Grenze ihrer Selbstverantwortung getrieben wird. Subjektives und Objektives verschmelzen gewissermaßen in eins. Gerade das stumme Angebot der typologisierenden Technik, die den Menschen aus sich hinausgeworfen hat, ruft mein Menschliches mehr denn je auf.

Selbstverständlich können auch hier Prinzip und Fall nebeneinander koexistieren. Und es kann durchaus auch ein Widerspruch zwischen prinzipieller Einstellung im Grundsätzlichen und konkreter Entscheidung im besonderen Fall in offener Weise bestehen bleiben. Das wird sogar oft der Fall sein.

Feststellbar ist aber doch eine *grundsätzliche und ganzheitliche Tendenz zum Überwiegen und zur Vorherrschaft der Konkretion.* Die immer stärkere Tendenz zu individueller und besonderer Konkretion der Urteilsbildung unter den Bedingungen wachsender, „absoluter" technischer Möglichkeiten heißt nicht, daß die gefühlshafte Intuition, die die eigentliche Grundlage für jede *allgemeine* Grundüberzeugung darstellt, keinen Wert mehr hätte. Im Gegenteil: wenn es eine wirklich authentische, das heißt *unmittelbar an das Ich gebundene* Intuition ist, hat sie gerade unter den künftigen „unübersichtlichen" Zivilisationsbedingungen den größten Wert. Aber zugleich kommt heute unübersehbar auch eine Bewegung in Gang, die vom Allgemeinen ins Besondere führt, oder besser: die das Grundsätzliche mit dem real Begegnenden in bisher nicht gekannter Weise verbinden will.

Aus solcher Gesamtperspektive betrachtet, fördert die Selbstexpansion der Technik wie kein anderer Zukunftsantrieb unserer Zeit indirekt den *Abbau des ideologischen Urteils* und die *Entwicklung individueller geistiger Fähigkeit.* Sie wird, obwohl sie das selbst durchaus nicht im Sinn hat, zur Promotorin einer neuen, fortwährenden, zusehends radikal in die Hände der Individualität gelegten empirischen Urteilstätigkeit, die immer stärker durch *konkrete, faktische* – nicht typologisch-universale – moralische

Ich-Intuitionen operieren muß, um sich überhaupt noch in der technischen Welt als Einheit mit sich selbst aufrechterhalten zu können.[5]

2. Die moralische Intuition tritt also in gewisser Weise gerade aus der Universalisierung der Technik-Entwicklung als immer stärker individualisierte hervor. Der Fortschritt der technischen Wissenschaft offenbart nicht nur die unheimliche und übermenschliche Eigendynamik des Geistes des Technischen, sondern läßt im Diesseits des Absoluten langsam auch immer deutlicher das Faktum dämmern, daß ethische Entscheidungen nur vom Einzelnen in konkreten Fällen individuell entschieden und beglaubigt werden müssen – daß *der Einzelne* ja oder nein sagen muß, während der *Typus* letztlich stets nur der Dynamik des Sowohl-als-auch folgen muß. Der Fortschritt der technischen Wissenschaft zeigt eben darin auf der Ebene der größten Konkretion – wiederum indirekt – auch und vor allem, *daß sich das Denken der Persönlichkeit letztlich nur selbst beglaubigen kann.*

An die Stelle jeder normativen Ethik, die zugunsten solcher Entwicklung geradezu wegbrechen *muß*, tritt demnach die *individuelle moralische Intuition.* Diese nimmt alles, was ehemals an Arbeit in eine normative Ethik für den *Typus* investiert wurde, auf und verwandelt es in einen rein in sich selbst gründenden *personalen* Innenimpuls. Damit aber hebt sie das Ethische auf die *höhere Stufe des Persönlichen*, auf der es im besten Fall – als individuell Authentisches – das Individuellste mit dem Allgemeinsten, mit dem Allgemeinmenschlichen verbinden kann.

3. Was entsteht aus alledem nun als eigentliche Forderung der Technik an das Kulturleben unserer Zeit? Es entsteht die zentrale Aufgabe: *die individuelle moralische Intuition in ihrer besonderen Gesetzmäßigkeit als eigenständige empirische Sphäre jedes künftigen Menschlichen in der Welt lebensweltlich zu fördern, sie praktisch auszubilden, sie experimentell zu studieren und sie wissenschaftlich zu begründen.* Es geht der sich selbst illusionslos verstehenden Kultur der Gegenwart, in der das Technische das Menschliche freigesetzt hat, immer mehr um die endgültige Abschaffung aller normativen, allgemeingültigen Ethik-Ansprüche. An deren Stelle tritt die konsequente,

---

5 Vgl. dazu u. a. auch P. Feyerabend, *Lieber Himmel – was ist ein Mensch?* Im Gespräch mit Rüdiger Safranski, Reihe „Philosophie heute", WDR 1993.

empirisch-experimentelle, ontologisch interessierte Untersuchung des Auftretens und des Vollzugs realer moralischer Intuitionen im Einzelnen.

Hier nun liegt meines Erachtens eine, wenn nicht sogar *die* zentrale Aufgabe des Denkens der Gegenwart unter den Bedingungen des selbstreferentiell werdenden Geistes der Technik. Das Denken muß das Gespräch über das Ereignishafte der individuellen moralischen Intuition und über ihre Gesetzmäßigkeiten, die intersubjektiv bestimmbar und diskutierbar sind, systematisch aufnehmen. Und es muß dadurch von einer *spekulativen* und *diskursiven* Geisteswissenschaft, die heute stets immer wieder nur dem *Typus* Mensch verhaftet bleibt, endlich zu einer *praktischen Geisteswissenschaft des „geheimen" Innenlebens des individuellen Menschen* werden. Geisteswissenschaft muß zu einer Art empirischen Wissenschaft des Individuellsten werden – das gleichzeitig das Menschlichste ist.

Die Technik läßt auch gar keine andere Entwicklung zu. Denn alle anderen heute ins Auge gefaßten Wege münden nur wieder selbst in die Technik und in ihre humanistischen Varianten. *Der einzige archimedische Punkt, der sich der Zirkularität und der unaufhaltsamen dialektischen Selbstvervollkommnung des Technischen entzieht, ihr gegenüber ein radikal „Anderes" darstellt und es also seinerseits eigenständig begleiten kann, ist das von ihr herausgeworfene, nur auf sich selbst zurückgewendete moralische Ich, das in solcher Rückwendung seinen eigenen Urteils-Akt während seines Geschehens zugleich aktiv erlebt und beobachtet. In der Selbstbeobachtung individueller moralischer Regungen während ihres Geschehens* – also *in actu* – entsteht gewissermaßen ein unabhängiger, voraussetzungsloser Punkt des Anfangs. Es ist ein sich selbst genügender Punkt reiner, immaterieller menschlicher Aktivität, der unter den künftigen Bedingungen universal und ubiquitär gewordener Technikprothesen im 21. Jahrhundert der einzige Prüfungs- und Urteilspunkt des menschlichen Ich und seines *eigentlichen* Denkens für sich selbst sein kann.

Dämmert aus alledem nun ein erstes Fazit hervor? Das berühmte Wort Hölderlins vom Rettenden, das in der Gefahr – und explizit aus ihr heraus – auftritt, hatte zu seiner Zeit und vielleicht auch noch am Beginn des 21. Jahrhunderts seine Berechtigung, als es noch auf eine gewisse Realpräsenz des Transzendentalen in der Welt bauen konnte. Heute scheint mir dieses Wort eine ambivalente Falschheit geworden zu sein. *Denn es gibt in der Welt, in der das Technische das Menschliche aus sich entläßt, in radikaler Weise nichts Rettendes mehr außer das Rettende im individuellen Menschen selbst.* Alles Rettende muß sozusagen durch den Menschen hindurch. Es tritt nicht mehr aus der Gefahr als deren Nicht-Identisches von sich aus zum Geschehen hinzu. Im Zeitalter der völligen Befreiung des Individuums, aber auch seiner Entbindung aus allen Ordnungen, ist der individuelle Mensch selbst der *absolute* Maßstab für das Rettende geworden. Alles andere scheint mir am Beginn des 21. Jahrhunderts nur mehr Illusion zu sein. Wir schauen auf das Individuelle als auf die letzte, innerste Sphäre des Menschlichen und die letzte, äußerste Grenze der Technik.

Wenn die Technik also heute zum Allumfassenden und Allgemeinen, zur neuen *immanenten Transzendenz* geworden ist, die, wie wir täglich sehen, Leben gibt und Leben raubt, die vereinzelt, vereinigt, sozialisiert und entsozialisiert – dann wird es umgekehrt auch die Technik sein müssen, die zumindest indirekt dazu beiträgt, eine individualistische Ethik zu fördern. *Die Wiedergeburt des Menschlichen aus dem Geist der Technik wäre nichts weniger als die Wiedergeburt des Geistigen auf seiner zeitgemäßen Ebene: auf der Ebene des Einzelnen, auf der Ebene der in die endgültige Freiheit vom Typus entlassenen individuellen moralischen Intuition.* Diese Ebene wird gerade durch das in mancherlei Hinsicht für den Typus Mensch tödliche Wirken der Technik in der Jetztzeit immer sichtbarer und immer wirksamer zur einzig sehenden Instanz.[6] Geschieht also möglicherweise die Wiedergeburt des Menschlichen *auch* oder gar *gerade* aus dem Geist der Technik?[7]

---

6   Vgl. dazu auch die Beiträge in R. Benedikter (Hg.), Postmaterialismus, Band 7 – *Perspektiven des postmaterialistischen Denkens*, Wien 2002.
7   Eine solche Hoffnung wäre in gewisser Weise eine durchaus mit jener fundamentalen Tendenz vereinbare Perspektive, die sich etwa Max Scheler als primäre Vereinigung von Geist und Drang und *anschließendes* Emporringen des Geistigen aus der Sphäre des Dranges – oder Teilhard de Chardin als Gesetzmäßigkeit des „Höherschreitens" des Menschen *durch* die „Noosphäre" *hindurch* als Richtungnahme der Entwicklung des Menschlichen vorgestellt haben. Vgl. M. Scheler, *Die Stellung des Menschen im Kosmos* (1928), Bonn 2000, und T. de Chardin, *Der Mensch im Kosmos* (1955), München 1999.

IV. Die wachsende Notwendigkeit der Wesensfrage

Aber eine solche gewaltige, wenn auch in mancherlei Hinsicht folgerichtige Wendung geschieht nicht im luftleeren Raum. Sie ist auf Voraussetzungen angewiesen.

Noch einmal taucht hier das Problem der Zirkularität auf, von dem eben mehrfach die Rede war. Denn worin besteht der archimedische Punkt – das letzte, sich selbst genügende Zentrum der Autonomie des Menschlichen in der Postmoderne?

Es besteht, wie ich skizzenhaft zu zeigen versucht habe, in der sich *in actu* beobachtenden moralischen Intuition. Ist aber dieser letzte Punkt nicht zuletzt selbst, sofern er eine Aktivität ist, ein *Verfahren* – also letztlich wieder nur eine andere Art der „Technik"? Mit welchem Recht kann man behaupten, daß er etwas sei, was sich den herkömmlichen Verfahrensweisen verstandeshaft-instrumentellen Reflektierens entzieht – und also in der Sphäre eines *rein Menschlichen* situiert ist, die sich dimensional und qualitativ dem Urbild des Technischen als dem Urbild des Typus Mensch entzieht?

Auf diese entscheidende Frage kann nur unter Aktivierung und Rekonstituierung der Wesensfrage geantwortet werden. Anders gesagt: auf diese Frage kann nur dann geantwortet werden, wenn man die Frage nach dem *bisher unergründeten Wesen des Menschen* erneut – und konsequenter als bisher – zur Geltung bringt. Auf was die durch die Technik des beginnenden 21. Jahrhunderts revolutionär in Gang gesetzte Entwicklung verweist, mit der wir heute erstmals vollgültig konfrontiert werden, ist nichts anderes als die unaufschiebbare Notwendigkeit, die Frage nach dem Wesen des Menschen *erstens* erneut und *zweitens* – weit wichtiger noch – *neu* zu stellen. Was heißt das?

Die Frage nach dem Wesen des Menschen muß, soll der mittlerweile elementar gewordenen Kraft der Technik überhaupt in *irgendeiner* aussichtsvollen Weise begegnet werden, endlich von den Tabus der Wissensparadigmatik der Gegenwart wie auch von den durch die verbreitete materialistische Art wissenschaftlicher Korrektheit gesetzten Grenzen der Investigation befreit werden. Sie muß auf der Suche nach einer Antwort endlich konsequent *alle Möglichkeiten* in Betracht ziehen und dabei auch *bisher nicht versuchte, unterbewertete oder nicht zu Ende geführte Verfahren* einbeziehen – so etwa *ontologische* Herangehensweisen, nicht nur einseitig kommunikativistische, nominalistische und diskursive, die, wie die Ergebnisse der derzeit vorherrschenden akademischen Vernunft zeigen, selbst unausweichlich nur wieder den funktionalen Voraussetzungen und Aporien des Technischen im Denken verfallen müssen.

Inspirierend – und zugleich richtungsweisend – für die hier notwendige grundsätzliche Erweiterung des Bewußtseins kann möglicherweise sein, was Martin Buber vor mehr als einem halben Jahrhundert, also noch in einer ganz anderen Welt lebend, schrieb:

„Der Mensch ist seit einem Jahrhundert immer tiefer in eine Krisis geraten, die zwar manches gemein hat mit anderen, die wir aus der früheren Geschichte kennen, aber in einem wesentlichen Punkt eigentümlich ist. Dieser Punkt betrifft die Beziehung des Menschen zu den durch sein Handeln oder unter seiner Mitwirkung entstandenen neuen Dingen und Verhältnissen. Ich möchte diese Eigentümlichkeit der modernen Krisis das Zurückbleiben des Menschen hinter seinen Werken nennen. Der Mensch vermag die durch ihn selbst entstandene Welt nicht mehr zu bewältigen. Sie wird stärker als er, sie macht sich von ihm frei. Sie steht ihm in einer elementaren Unabhängigkeit gegenüber, und er weiß das Wort nicht mehr, das den Golem, den er geschaffen hat, bannen und unschädlich machen könnte.

Unser Zeitalter hat dieses Erlahmen und Versagen der Menschenseele nacheinander in drei Bereichen erlebt. Der *erste* Bereich war die Technik. Die Maschinen, erfunden, um dem arbeitenden Menschen zu dienen, nahmen ihn in ihren Dienst. Sie waren nicht mehr wie die Werkzeuge, eine Verlängerung des menschlichen Arms, sondern der Mensch wurde zu ihrer Verlängerung, zu einem herbeitragenden und hinwegtragenden Glied an ihrer Peripherie.

Der *zweite* Bereich war die Wirtschaft. Die Produktion, ins Ungeheure gesteigert, um die wachsende Zahl der Menschen mit den Gegenständen ihres Bedarfs zu versehen, ist nicht zur vernünftigen Koordination gelangt. Es ist, als wüchse der Betrieb der Erzeugung und Verwertung von Gütern über den Menschen hinaus und entzöge sich seinem Gebot.

Der *dritte* Bereich war das politische Geschehen. Mit immer größerem Erschrecken erfuhr der Mensch im ersten Weltkrieg, und zwar in allen Lagern, wie er unerfaßlichen Mächten ausgeliefert war, die zwar mit dem Willen von Menschen zusammenzuhängen schienen, aber immer wieder, entfesselt, alle menschlichen Zielsetzungen nieder rannten und zuletzt allen, hüben und drüben, Vernichtung brachten.

So fand sich der Mensch der furchtbaren Tatsache gegenüber, daß er ein Vater von Dämonen war, deren Herr er nicht werden konnte. Und die Frage, was für einen Sinn diese Macht und Machtlosigkeit in einem habe, mündete in die nach dem Wesen des Menschen, die nun eine neue, eine gewaltig praktische Bedeutung bekam."[8]

Das *Wesen des Menschen* ist demnach das Entscheidende, nach dem die Frage der Technik endlich konsequent ausgerichtet werden muß. Die Feststellung Bubers, obwohl noch unter dem Eindruck des ersten Weltkrieges (und kurz vor dem zweiten) geäußert, ist heute *aktueller denn je*. Daß diese Feststellung und die mit ihr verbundene Forderung bis heute noch nicht aufgegriffen wurde, ist eines der großen Versäumnisse der europäischen Geistesgeschichte des 20. Jahrhunderts (das ein Licht auf diese Geistesgeschichte wirft).

Die voraussetzungslose Erneuerung der ganz grundsätzlichen Frage nach dem Wesen des Menschen ist heute *aktueller denn je* – nämlich in einem Augenblick, in dem dieses Wesen wie gesagt mehr denn je erschüttert, unsicher und unklar geworden ist. Wir stehen in einem Moment, in dem der Mensch als Typus sich zwar selbst bis in seine fundamentale physische Dimension hinein neu zu erfinden beginnt, aber mit kaum einer Ahnung vom Wesen *des Menschlichen* überhaupt. Die Frage nach dem Wesen des Menschen ist also aktueller denn je in einem Augenblick, in dem durch die Herausforderung der neuen Technologien die Bedeutung dieses Wesens gerade angesichts seiner totalen Manipulierbarkeit mehr als je zuvor in den Gesichtskreis tritt. Und das bedeutet in Summe zunächst nichts anderes, als daß die gemeinsame Feststellung der italienischen Denker der Technik, das Wesen der Technik sei zugleich das Wesen des Menschen, *erweitert und ergänzt* werden muß. Sie muß erweitert und ergänzt werden um die grundsätzliche und voraussetzungslose Neubefragung dieses ominösen Begriffs „Wesen des Menschen" selbst – der in der gegenwärtigen italienischen Technikphilosophie zwar vorausgesetzt wird, über den aber keineswegs Orientierung, Klarheit oder gar Konsens herrscht.

---

8   Martin Buber, *Das Problem des Menschen* (1938), Heidelberg 1982, S. 83-84.

Dabei gilt es meines Erachtens eines vor allem anderen zu bedenken: daß phänomenologisch-praktisch *die Frage nach dem Wesen des Menschen und die genannte Fähigkeit zur individuellen moralischen Intuition sachlich untrennbar miteinander verbunden sind.* Inwiefern?
Nur dann, wenn

1. das Wesen des Menschen und seine Fähigkeit zur „offenen" moralischen Intuition als Einheit aufgefaßt werden können, und wenn
2. diese Einheit sich auch *in actu* beobachten und also in freier Selbsterfassung über sich verfügen kann,

wäre der konkrete, empirische, das heißt nicht bloß spekulative, sondern an sich selbst durch praktische Erfahrung überprüfbare Hinweis auf eine nur in sich gründende Selbstgegebenheit des Menschen erbracht. Eine *solche* Selbstgegebenheit könnte sowohl hinsichtlich ihres Begriffs wie auch im Hinblick auf ihre praktische Erfahrung nicht eine sekundäre äußere Gegebenheit – auch keine indirekte oder zirkuläre – durch die Technik sein.

Liegt also in der individuellen moralischen Intuition der archimedische Ansatzpunkt, kraft dem der Mensch einen eigenständigen Standpunkt gegenüber dem Technischen behaupten und zur Geltung bringen kann? Besteht gar das Wesen des Menschen, sein letzter, unteilbarer, tatsächlich durchgängig selbstbestimmter Kern in seiner Fähigkeit zur freien, im Augenblick ihres Vollzugs selbstgewärtigen moralischen Intuition? Und liegt das Wesen des Menschen also gerade im Diesseits des Typus?

Das wäre zumindest möglich. Es muß jedenfalls aus der Perspektive einer phänomenologisch-praktischen Menschenkunde endlich *auch* in Betracht gezogen und weit genauer als bisher in Erscheinung, Konsequenzen und Perspektiven untersucht werden – immer stärker, je weiter die Dominanz der Technik im Äußeren bis in den Körper des Menschen hinein fortschreitet. Und das ist, wie gesagt, die Angelegenheit einer empirisch-ontologischen Untersuchungsart – durch methodische Introspektion und durch deren intersubjektiv-logische Abklärung – mindestens genauso wie eine Frage der Verhaltensforschung oder der Humanpsychologie.[9]

---

9 Zu einigen diesbezüglichen methodischen und inhaltlichen Implikationen vgl. näher R. Benedikter, *Anthropologie – das Grundproblem der zeitgenössischen Wissenschaftstheorie*, in: Academia, Zeitschrift der Europäischen Akademie Bozen, Nr. 7, September 1996, S. 23-30; ders., *Aufbruch in offenes Gelände. Notizen zum Gestaltwandel der Geisteswissenschaften im*

V. Folgerungen, Fragen

Zweifellos gilt unter den Bedingungen des sich selbst genügenden technischen Fortschritts heute immer umfassender und radikaler: *Wir können, wir müssen, wir werden es tun.* Wir können, wir müssen, wir werden nichts unterlassen. Gut, wir benötigen durchaus gewisse Grenzen. *Aber wer soll, wer kann noch Grenzen setzen?*

Meines Erachtens eben nur mehr die individuelle, mit sich selbst übereinstimmende moralische Intuition des Einzelnen. Die zentrale Aufgabe jedes künftigen Geisteswissenschafters, der sich diesen Namen unter den Bedingungen der kommenden Jahrzehnte noch verdienen will, ist es, *auf dem Gebiet individueller moralischer Intuition Erfahrung zu sammeln und sie erkenntnismäßig: ontologisch, anthropologisch und methodisch zu durchdringen* – das heißt sie durch individuelle Selbstschulung und transdisziplinären Austausch mit anderen ebenso systematisch vorgehenden Individualitäten empirisch zu erforschen.

Man könnte gegen diese grundsätzliche Perspektive, die noch nicht mehr als eine Skizze ist, natürlich sogleich einwenden: Ist individuelle moralische Intuition dort, wo sie diesen Namen verdient, nicht immer schon untrennbar mit der persönlichen Verwobenheit in eine besondere, konkrete Lebenssituation verbunden? Und läuft also demnach diese Sichtweise der originären Einheit des Menschlichen mit der freien, individuell selbstgegebenen

Spannungsfeld zwischen Moderne und Postmoderne, in: H. Reinalter (Hg.), Beobachter und Lebenswelt. Studien zur Natur-, Geistes- und Sozialwissenschaft. Thaur-Wien-München 1996, S. 99-128; ders., *Die zerrissene Sozialwissenschaft*, in: Tiroler Almanach 1999/2000, Innsbruck 2000, S. 21-24; ders., *Die Rolle der Geisteswissenschaften beim Aufbau ziviler Gesellschaften in Südosteuropa und die neuen Anforderungen an geisteswissenschaftliche Studiengänge heute*, in: V. Dimitrova, Akten des 1. Kongresses der Germanistinnen und Germanisten Südosteuropas an der Universitet Veliko Tarnovo, Veliko Tarnovo 2001 (im Druck); ders., *Vom Sein der Ideen. Für eine Rehabilitierung ontologischer Fragestellungen in den Geisteswissenschaften am Beispiel der Literatur*, in: H. Reinalter (Hg.), Denksysteme, Theorie- und Methodenprobleme aus interdisziplinärer Sicht, Thaur-Wien-München 2001; ders., *Drei exemplarische Kritiken an den Geisteswissenschaften im 20. Jahrhundert: Albert Schweitzer, Theodor W. Adorno, George Steiner*, in: Marburger Forum. Beiträge zur geistigen Situation der Gegenwart, Jahrgang 1 (2000), Heft 2, www.philosophia-online.de; ders., *Das Verhältnis zwischen Geistes-, Natur- und Sozialwissenschaften*, in: T. Hug (Hg.), Wie kommt Wissenschaft zu Wissen?, Band 4, Einführung in die Wissenschaftstheorie und Wissenschaftsforschung, Schneider Verlag Hohengehren 2001, S. 137-159.

Intuition nicht unterschwellig darauf hinaus, *daß unter Zukunftsbedingungen nur mehr derjenige moralische Urteile in der Lebenswelt fällen kann, der selbst persönlich mit einer Urteils- und Entscheidungssituation lebenspraktisch-existentiell verbunden ist und in ihr handelt?*

Auch das wäre durchaus möglich – trotz aller prinzipiellen Aporien, die damit bekanntlich verbunden sind, und die wir insbesondere aus dem Umgang mit der mitteleuropäischen Geschichte kennen.[10]

10 Es ist zweifellos voller Ambivalenz und Gefahr, Urteil nur auf der Grundlage von direkter Erfahrung zuzugestehen. Ich selbst habe lange gegen dieses Postulat opponiert. Das Erfahrungsargument ist nicht umsonst eines der Hauptargumente der Nachkriegsnazis gegen die Existenz der Gaskammern gewesen. Wenn sprechen kann nur der, der dabei war, kann niemand sprechen. Denn die dabei waren müssen tot sein. Wäre jemand dabeigewesen, und er könnte jetzt sprechen, widerspräche das der Existenz der Gaskammern, die ja den Sinn hatten, die Dabeigewesenen zu töten. Also kann niemand, der lebend hier ist, über die Existenz der Gaskammern sprechen. Und wenn niemand darüber sprechen kann, dann kann man auch nicht sagen, es hätte sie gegeben. Das war ungefähr die Argumentation der französischen Rechten, die bekanntlich auch einen der maßgeblichen Inhalte des Hauptwerkes der Postmoderne, des Buches *Der Widerstreit* (1982) von J.-F- Lyotard, ausmacht. Ich nehme diese Problematik gerade für unser Zeitalter, in dem einerseits ein neuer, empirischer Idealismus auf der Grundlage von Erfahrung, andererseits ein neues Sozialgefühl sich geltend machen will, überaus Ernst.
Aber ich sehe auf der anderen Seite auch immer deutlicher, daß eine im echten Sinn *innerliche*, das heißt geistig erlebte Urteilsbildung vor allem eine in den Sachverhalten selber ist. Oder, wie es Martin Buber in seiner Kritik am Geist-Begriff Max Schelers ausgedrückt hat: „Die Erkenntnis geschieht nicht durch Entwirklichung, sondern gerade durch ein Eindringen in diese bestimmte Wirklichkeit, und zwar durch ein Eindringen solcher Art, daß sich eben im Innern dieser Wirklichkeit das Wesen erschließt. Ein solches Eindringen nennen wir ein geistiges. [...] Das erste ist die Entdeckung eines Seins in der Kommunion mit ihm, und diese Entdeckung ist ein eminent geistiger Akt. [...] Um zu erfahren, was Geist ist, darf man sich nicht damit begnügen, ihn zu erforschen, wo er zu Werk und Beruf geworden ist; man muß ihn auch da aufsuchen, wo er noch Ereignis ist. Denn der Geist in seiner ursprünglichen Wirklichkeit ist nicht etwas, was ist, sondern etwas, was sich ereignet, genauer: etwas, was nicht erwartet wird, sondern plötzlich geschieht. [...] Vom Geist [...] ist zu sagen, daß er in seinem Anfang reine Macht ist, die Macht des Menschen nämlich, aus inniger Teilnahme an der Welt und aus engem Nahkampf mit ihr, sie im Bild, im Klang, im Begriff zu fassen. Das erste ist die intime Teilnahme des Menschen an der Welt, intim im Streit wie im Frieden mit ihr. Hier ist der Geist als Sonderwesen noch nicht da, er ist aber mit drin in der Kraft der primitiv-konzentrierten Teilnahme. Erst mit dem wachen Antrieb [...] erst mit der Leidenschaft, das erfahrene Chaos zum Kosmos zu binden, ersteht der Geist als Sonderwesen. Aus dem wilden Geflimmer des Lichts löst sich das Bild, aus dem wilden Lärm [...] löst sich der Klang, aus dem wilden Durcheinander aller Dinge löst sich der Begriff. So entsteht Geist als Geist." (M. Buber, *Das Problem des Menschen*, 1938, Heidelberg 1982, S. 144-146, 154-155).
Das Eindringen in das Ereignis des Individuellen *im* Absoluten der Technik, in das Besondere im Typus ist gerade für das Denken der Totalität der heraufdämmernden technischen Zivilisation von fundamentaler Bedeutung. Er konstituiert den tiefambivalenten Seinszustand

Nicht „weltmännisch" Abstand zu nehmen von der *Frage nach dem Totalwesen des Menschen,* von der *anthropologischen Perspektive,* wie es derzeit die Mode des in Wirklichkeit alten, nur nominalistisch gewordenen und sich darin bereits postmodern dünkenden akademischen Humanismus ist, ist es jedenfalls, worum es geht. Es geht aber auch nicht darum, diese Frage voreilig oder fatalistisch in einen Zirkelschluß in das Wesen der Technik selbst hinein aufzulösen – wie es mittlerweile weithin der Gestus des sich unterschwellig im Spiegel hassenden, heute katastrophal für das Wirkliche seines Doppelgängerhaften aufwachenden *neuen* Schulhumanismus ist. Diese beiden negativen Stränge finden sich auch im gegenwärtigen italienischen Denken der Technik. Um sie geht es meines Erachtens eben nicht. Sondern es geht darum, *die Frage nach dem Wesen des Menschen auf allen Ebenen mit verstärkten Kräften und neuer empirischer Konzentration zu stellen* – nachhaltig und dauerhaft, ambivalenzfähig sich einstellend auf längere Zeiträume der Arbeit, unter Einbeziehung aller denkbaren (und möglicherweise auch in sich widersprüchlichen) experimentellen, methodischen und theoretischen Ansätze. *Das* ist es, worin die Aufgabe des Denkens im ersten Jahrzehnt des neuen Jahrhunderts vor allem anderen besteht. Denn nur so wird das wesentlich dem *Sinn* nachspürende philosophische Denken überhaupt dazu befähigt werden, zur Neuerfindung des Menschen durch den Menschen auf der Grundlage eines begeisterungsfähigen Totalbildes seines Wesens in eigenständiger Weise beizutragen.

Die meisten anderen Aussichten scheinen mir für die real dämmernde Wirklichkeit des Technischen als zivilisatorisches Konzentrat der Zukunft vergleichsweise bedeutungslos und auch belanglos. Sie bleiben in der Mehrzahl der Fälle bestenfalls interessante Kommentare und Fußnoten zum Geschehen. Wenn heute schon Reformen im Zentrum des Nachsinnens aller europäischen Wissenschaften stehen, dann wäre doch die Gründung von *experimentellen Einrichtungen zur erstmals ernsthaften interdisziplinären Erforschung des Wesens des Menschen* nur naheliegend. Denn das ist es, was die Zeit von all jenen Wissenschaften verlangt, die den Anspruch auf

dieses Denkens der technischen Zivilisation mit – eine Tiefenambivalenz, die das italienische Denken der Technik in hervorragender Weise auszeichnet und hinter die kaum noch zurückgegangen werden wird können, ohne das Wesen des Denkens der Technik selbst zu unterlaufen.

Zeit-Wachheit und Menschlichkeit im Zeitalter der Selbst-Verabsolutierung des Typus in der Technik noch nicht aufgegeben haben.

VI. Für einen positiven Individualitäts- und Geist-Begriff

Zusammengefaßt – was heißt das alles nun? Das *Wesen des Menschen* ist meines Erachtens das Entscheidende, nach dem die Frage der Technik am Beginn des 21. Jahrhunderts ausgerichtet werden muß. Mit der Beantwortung der Frage nach dem Wesen des Menschen steht und fällt jede Antwort auf die Frage nach der Technik. Jede Denkbewegung, die um das Wesen und die Perspektive der Technik kreist, wird in den kommenden Jahrzehnten zuletzt wieder zu diesem entscheidenden Punkt zurückkehren. Bevor er nicht ernsthaft und ohne Angst vor Nichtgedachtem oder paradigmatisch Undenkbarem von der Gemeinschaft der Wissenschaften ins Auge gefaßt wird, ist kein substantieller Fortschritt in der Verhältnisbestimmung zwischen Mensch und Technik zu erzielen.

Genau in der instinktiven und dabei ambivalenten Umkreisung dieses Punktes besteht meines Erachtens das bereits intuitiv Richtige der Verbindung des Wesens der Technik mit dem Wesen des Menschen durch die italienischen Denker der Technik, die im vorliegenden Buch zur Sprache gekommen sind. Diese Denker versuchen konsequent, die Frage nach dem Wesen der Technik *in Zusammenhang mit der Frage nach dem Wesen des Menschen* zu denken. Denn sie spüren: *Nur die Frage nach dem Wesen des Menschen in Wissenschaftsform, die Anthropologie, kann heute noch eine Versöhnung der auseinanderstrebenden technischen Spezialwissenschaften und den Horizont einer möglichen Einheit der Perspektive herbeiführen.*

Aber eine integrative Anthropologie ist heute noch immer weitgehend verpönt, gerade *weil sie von sich aus* auf Einheit (auf den auf die Summe der Einzelanalysen integrierenden synthetischen Anteil) der Wissenschaften hindrängt – und dabei unweigerlich den Menschen als deren letzten gemeinsamen Mittelpunkt finden muß. Im Zeitalter der Pluralisierung der Wissenschaften haben Mittelpunkte aber einen schweren Stand. Vor allem die experimentelle geisteswissenschaftliche Anthropologie – etwa in der Nachfolge der Versuche Brentanos, aber auch der philosophischen Anthropologie der ersten Hälfte des

20. Jahrhunderts – steht heute gerade aufgrund ihrer umfassenden Erkenntnis-ansprüche im zwielichtigen Ruf der Halb- oder Nichtwissenschaftlichkeit.

Dieser Ruf ist ein prägender Grund dafür, warum die italienischen Denker der Technik die Frage nach dem Wesen des Menschen nur in einer zutiefst ambivalenten Weise stellen können – ja stellen müssen. Zweifellos ist ein solcher Denkversuch vorläufig – in unserer allseits „tiefenambivalenten" Zeitsituation und ihrer spezifischen *Fermentierungsfunktion* – gar nicht anders als ambivalent möglich. Vielleicht sind auch alle Versuche, sich dem bislang Nichtgedachten im Menschenwesen zu nähern, in unserer Zeitsituation gegenwärtig nur vorläufig – eben nur als Fermentierung des Vorhandenen – möglich.

Sicher scheint mir allerdings gerade unter solchen Verhältnissen eines. *Einen sich auf das Verständnis der Technik tatsächlich grundsätzlich und relevant auswirkenden Impuls wird das auf das Wesen des Menschen gerichtete Denken erst dann hervorbringen, wenn dieses Denken einen positiven, empirisch erlebbaren und daher ontologisch begeisterungsfähigen Individualitäts- und Geist-Begriff in seine experimentelle Anschauung des Menschen einbezieht.* Nur ein positiver, empirisch durch das Individuum an sich selbst nachvollziehbarer Geist-Begriff ist in der Lage, das Wesen des Menschen selbständig und in produktiver Differenz zum *heute* herrschenden Verständnis der Technik zu begründen – wie ich oben ansatzweise am Aspekt der individuellen moralischen Intuition zu zeigen versucht habe.

Ein solcher positiver, ontologischer Geist-Begriff freilich fehlt der italienischen Philosophie der Gegenwart. Er ist das zentrale, grundlegende Manko, an dem sie leidet. Einen ähnlichen Mangel kennt auch die derzeitige mitteleuropäische Philosophie der Technik. Peter Sloterdijk und andere führende Diskutanten des Gesprächs des philosophischen Denkens mit der Technik wollen dieses Denken nicht durch die Integration eines neuen Geist-Begriffs differenzieren, sondern es zum innerlich unveränderten, rhetorisch-diskursiven *Provokateur* machen, der so lange provoziert und Fragen stellt, bis eine „Regeneration der Urteilskraft" erreicht ist. Das ist ihr Angebot, das ist ihr Weg. Es bleibt bisher das einzige Angebot und der einzig gangbare Weg des zeitgenössischen Denkens vor der Herausforderung durch die Technik. Die Frage ist, ob dieser Weg die Kraft hat, der eigentlichen Dimension der Technik gerecht zu werden.

Die gegenwärtige Selbsterfassung des zeitgenössischen Denkens als Technikphilosophie hat jedenfalls bislang keine positive, aufbauende Alternative zum Menschenbild der Technik anzubieten. Sie folgt bisher im wesentlichen denselben Denkgesten wie die Technik selbst. Dabei tritt das postmoderne Denken mit dem Anspruch auf, sich nur an sich selbst und an seiner eigenen moralischen Intuition zu orientieren. Doch genau dann, wenn dieses Denken, statt in rhetorisch-diskursiven Provokationen zu verbleiben, endlich produktiv bei der Technikentwicklung mitreden will, braucht es eine innerlich erlebbare *Alternative im Menschenbild*. Und die kann nur eine radikal „andere" begeisternde Vision der nicht-technischen Seiten des Menschenwesens sein – eine *geistige Anschauung des Menschenwesens diesseits seines technischen Typus in wissenschaftlicher Auffassungsart*.

Eine solche Anschauung haben wir noch nicht, aber wir müssen sie uns erwerben. Darin besteht die Aufgabe des philosophischen Denkens der Gegenwart. Jede andere Funktion des philosophischen Denkens in der Diskussion um die technologische Zukunft bleibt meines Erachtens eine ungenügende. Zur „Provokation aktiver und zur Betreuung gescheiterter Gentechniker"[11] scheint mir anderes als das philosophische Denken jedenfalls nicht schlechter geeignet.

VII. Vom Wert des Nicht- oder Antihumanismus

Eine Nuance möchte ich abschließend noch erwähnen. Das gegenwärtige italienische Denken der Technik pflegt einen revolutionären *Nicht- oder Antihumanismus*, der als Reformbewegung gegen falsche Absolutismen und universale Denkspekulationen an der Zeit ist. Darin steht es in der Tradition derjenigen Strömungen, die – wie die sogenannte Postmoderne – den Aporien und Illusionen des traditionellen abendländischen Denkens entkommen will. Aber war bei den Hauptvertretern der genannten Strömungen, etwa bei Deleuze und Guattari, aber auch bei Lyotard, noch prinzipiell eine Rettung möglich (und zwar stets in Gestalt der ereignishaften, vitalen Urebene des Denkens selbst, die

---

11 *Peter Sloterdijk sieht Philosophen als Provokateure. Neudefinition der Geisteswissenschaften,* Meldung der dpa vom 14.02.2001 über die öffentliche Podiumsdiskussion „Die Erfindung des Menschen durch den Menschen" in Mannheim.

sich aller Konditionierung – auch durch die Technik jeder Form – kraft einge-
borener Anarchie und Differenz entzieht),[12] so scheint nun in der italienischen
Technikphilosophie der Gegenwart gleichsam in einem Zirkel, in einer Rückbie-
gung des Denkens auf die funktionalen Grundlagen seiner eigenen Bewegung,
der *Endpunkt der Reflexion* und das *Nichts des Menschen* erreicht.

Bis zu einem gewissen Grad liegt gerade in dieser Hinsicht – im Zuende-
denken funktionaler Perspektiven der eigenen Denkbewegung – durchaus
die Antwort Italiens auf die Sloterdijk-Debatte vor. Am Ende des italienischen Denkens der Technik steht als Preis dafür allerdings tatsächlich in
voller Ambivalenz das *Nichts*: eine bestimmte Art der Offenheit, die unmittelbar neben sich aber auch die völlige, endgültige, illusionsfreie, für den
herkömmlichen Sinn hoffnungslose Leere stehen hat. Diese Leere ist umso
apokalyptischer, als es in ihr zunächst nichts Menschliches mehr zu entdecken gibt – außer *erstens* die noch kryptisch und negativ vorhandene Hoffnung auf eine Sichtbarwerdung des abwesenden Geheimnisses des Menschlichen an sich. Und außer *zweitens* die absolute, letzte prinzipielle Offenheit
des instrumentellen Verstandes-Denkens selbst, die in seiner maßgeblich
zeitlichen Verfaßtheit liegt. *Aus* einer zeitlichen Bewegung ist die Technik
selbst geschnitzt, und *in* dieser zeitlichen Bewegung gelangt sie gegenwärtig
an die äußerste Grenze ihrer Nichtigkeit – zum rein mechanischen Augenblick, der stets etwas Neutrales und darum auch Offenes in sich birgt.[13]

In der bereits weit gediehenen Bewegung auf diesen für die Zukunft der
Kultur entscheidenden Augenblick hin markiert die italienische Technikphilosophie vom Beginn des 21. Jahrhunderts meines Erachtens einen vorläufigen Endpunkt, nach dem es nicht mehr wie bisher weitergehen kann.
Sie zeigt, wo die bisherige Technikphilosophie, konsequent in ihren Haupt-
linien zu Ende verfolgt, heute stehen kann. Das ist ihr Verdienst, das ist ihre
Größe, das ist ihr Realismus. Das Verstandesdenken der Moderne hat sich
hier konsequent zu Ende gedacht. Nach diesem Denken scheint nur mehr das
völlig Andere möglich: ein Denken, das in Imagination, Inspiration und

---

12 Vgl. dazu u. a. R. Benedikter, *Deleuze* und *Deleuze/Guattari*, in: F. Volpi (Hg.), Großes Werk-
   lexikon der Philosophie, München 1999, Band 1, S. 355-360.
13 Vgl. zu diesem entscheidenden Punkt die Ausführungen zum Geist der Technik in meinen
   Büchern *Das Geheimnis des Pulsschlags. Philosophie der Rave-Kultur* und *Inspiration und
   Postmoderne.*

Intuition neue Maßstäbe setzen – oder aber vor dem sich totalisierenden *Typus* des Menschen in der Technik verstummen muß.

Natürlich könnte man sich gerade in solchem Zusammenhang fragen, ob es, bei all der ausweglosen Nüchternheit der in der heutigen italienischen Technikphilosophie an den Tag gelegten Reflexion und bei einer derartig grundsätzlichen Finsternis des Künftigen, zuletzt nicht etwa doch wieder nur genau jenes *alte humanistische Sinnen* ist, das da im italienischen Denken der Technik mangels Perspektive verzweifelt – nur getarnt als neues, „anderes" Denken, und nur getarnt als Nicht-Verzweiflung.

Es ist möglich, daß diese Frage ihre Gründe hat. Die Unentschiedenheit, ob die italienische Technikphilosophie der Gegenwart der Umschlagspunkt in etwas wirklich Neues oder nur das an seinen Endpunkt tretende humanistische Denken ist, scheint mir gerade das Produktive. Aber zugleich ist es auch das wahrhaft Abgründige.

Das gegenwärtige italienische Denken der Technik hat meines Erachtens das fundamentale Verdienst, eine bestimmte kritische und ontologische Tradition der abendländischen Besinnung auf die Technik konsequent zu Ende zu bringen. Ich glaube aber – gerade bei Ansicht dieses hohen Verdienstes – nicht, daß dieses Denken die eigentliche planetarisch-humane Dimension dessen, was gegenwärtig durch die Technik im Geschehen begriffen ist, noch den sich dahinter diesseits und zugleich jenseits des gewöhnlichen diskursiven Denkens vervollkommnenden geistigen Vollzug bereits angemessen zu begreifen in der Lage ist. Dazu ist bislang *kein* geltender Denkversuch in der Lage – muß doch jeder heute anerkennungsfähige Versuch seiner eigenen, ihm vorausliegenden Gesetzmäßigkeit nach weitgehend ein diskursiver Verstandesversuch bleiben, durchzogen von singulären Intuitionen. Aber das heutige italienische Denken der Technik ist jedenfalls ein erster produktiver Versuch auf dem Weg hin zu einer „anderen" Dimension, gerade weil es ein zutiefst ambivalenter und – im positiven Sinn des Wortes – problematischer und zwielichtiger, negativer Versuch ist. Das Licht seines möglichen Vorwärts in eine Anschauung, die über dem bloßen Hin und Her des Abwägens des diskursiven und spekulativen Denkens stünde, spricht hier vorrangig aus dem Ungesagten und Indirekten – aus dem, was als Ausgespartes zu dem Gesagten unweigerlich in der entstehenden Leere hinzutritt. Auf dieses Nicht-Gesagte lohnt es sich zu hören, wenn man aus den Versuchen der neueren italienischen Technik-Philosophie heraus etwas tatsächlich Künftiges sprechen hören will.

Aus dem also, was in diesem Denken *nicht* gesagt wird, was aber gleichsam als Abwesendes mit anwesend wird, wenn man der Bewegung dieses Denkens folgt, kann sich ein Anderes abzeichnen – vielleicht gar ein Sprung in der Qualität und in der ganzen Verfaßtheit des gegenwärtigen Denkens *über* die Technik hin zu einem wirklichen Denken *der* Technik. Mit den Ansätzen der italienischen Technikphilosophie liegen experimentelle Vorversuche dazu vor, die an einen Nullpunkt heranzuführen suchen, an dem etwas Anderes überhaupt erst möglich wird. Und genau darin besteht meines Erachtens der Avantgardismus des derzeitigen italienischen Denkens über die Technik in seinen besten, bis an die äußersten Grenzen der Selbstzerstörung herangeschobenen Versuche.

VIII. Das gegenwärtige Denken der Technik in Italien, nun besser sichtbar

Fazit? Die zeitgenössische italienische Technikphilosophie bildet weniger in ihren Inhalten, aber vor allem in ihrem geistigen Grundgestus eine Wegweisung für die künftigen Denkversuche der Technik, die mit dem Anspruch auf Realismus und Zeitkompetenz auftreten wollen. Denn sie will in beispielhafter Weise jene Gedanken schonungslos zu Ende führen, die anderswo oft auf halbem Weg stehen gelassen werden.

Dieses Denken ruft unweigerlich ein Inneres zur authentischen Stellungnahme auf. Was aus diesem Aufruf und der mit ihm verbundenen Anregung zur unvollbrachten, vielleicht *ihrem ganzen Charakter nach unvollbringbaren*, jedenfalls gefährlich-offenen Aufgabe wird, ist vor allem eines. Man müßte mit dieser Radikalität nach dem Durchgang durch die Leere, nach dem reinigenden Durchgang durch das Nichts, das sie eröffnet, in anderer, in neuer Weise *humanistisch* zu denken beginnen. Nur die Radikalität seiner vorläufigen Außerkraftsetzung und konsequenten Vernichtung scheint mir in der Lage zu sein, den tieferen Grundstrom des abendländischen Humanismus zu einer möglichen neuen Blüte emporzuführen, wenn er – *nach* seinem unvermeidbaren Tod – aus ihr kräftewirksam neu erwachsen sollte.

Bisher war die Vereinigung von kompromißlosem Technikdenken mit den sehr verschiedenartigen Bemühungen um die Neubegründung eines substantiellen Humanismus für das 21. Jahrhundert noch nicht wirklich möglich. Auf der einen Seite fehlte den *radikalen Denkern* das konstruktive Element sowie ein humanistischer Ansatz auf einer neuen Ebene. Den *Suchern nach einem neuen Humanismus* dagegen fehlte umgekehrt die Radikalität und Würde des bis zum eigenen Ende gehenden Denkens und die dadurch errungene Tiefe seiner Anschauung.

Vielleicht wird aus den hier vorliegenden Ansätzen der neueren Technikphilosophie Italiens etwas Vereinigendes, Synthetisierendes, Drittes sichtbar. Dieses kündigt sich in diesen Ansätzen freilich erst indirekt – und auf durchaus noch unvorhersehbare und widersprüchliche Weise – an. Aber es ist das Immanente, das *in* der Vernichtung des Herkömmlichen ihr *Komplementäre*, was es zunächst mit aller möglichen Anstrengung in dieser Philosophie wahrzunehmen gilt.

Dann wird möglicherweise gerade in der Konsequenz des Vernichtungsgeschehens ein Neues, vielleicht sogar ein Erhabenes absehbar – dem gegenwärtig nichts anderes vorausgeht als seine Negation. Diese Negation ist möglicherweise nur die Voraussetzung für jene Negation der Negation, die im Aufstieg der individuellen moralischen Intuition und ihrer spezifischen geistigen Differenz liegt. Anders gesagt: die Negation im gegenwärtigen italienischen Denken der Technik reinigt vielleicht den Ort für jenen Menschen, der in der Technik heute vorläufig an sein Ende kommt – und zugleich möglicherweise gerade an diesem Ende als Umschlags- und Hebelpunkt bereits in anderer Form wiedergeboren wird.

Roland Benedikter

Die Autoren

Umberto Galimberti ist Professor für Philosophie an den Universitäten Mailand und Brescia. U. a. Autor von *La terra senza il male* (1984), *Gli equivoci dell'anima* (1987) und *Psiche e techne* (1999).
Anschrift: Via Pacini 48, I-20131 Milano.

Emanuele Severino ist Professor für Philosophie an der Universität Venedig. U. a. Autor von *Essenza del nihilismo* (1972), *La tendenza fondamentale del nostro tempo* (1988) und *La filosofia futura* (1989).
Anschrift: Dipartimento di filosofia e teoria delle scienze, Università Ca' Foscari di Venezia, Palazzo Nani Mocenigo, Dorsoduro 960, I-30123 Venezia.

Salvatore Natoli ist Professor für Philosophie an der Universität Mailand. U. a. Autor von *La felicità* (1994), *I nuovi pagani* (1995) und *Progresso e catastrofe* (1999).
Anschrift: Università degli studi di Milano-Bicocca, Facoltà di Scienze della Formazione, Piazza dell'Ateneo Nuovo 1, I-20126 Milano.

Franco Volpi ist Professor für Philosophie an der Universität Padua. Veröffentlichungen u. a. zur Philosophie der Antike sowie des 19. und 20. Jahrhunderts, Herausgeber des *Großen Werklexikons der Philosophie* (2000), Betreuer der italienischen Gesamtausgabe der Werke Arthur Schopenhauers und Martin Heideggers.
Anschrift: Università degli studi di Padova, Istituto di Filosofia, Piazza Capitaniato 7, I-35139 Padova. E-Mail: volpifranco@libero.it.

Francesco Marchioro ist Leiter des Instituts Imago – Ricerche di Psicoanalisi Padua-Bozen. Freud-Forscher, u. a. Übersetzer und Herausgeber der Werke von Otto Ranke in Italien. Zahlreiche Aufsätze zu psychoanalytischen Themen.

Anschrift: Corso Italia 30, I-39100 Bozen/Bolzano. E-Mail: marchif@tin.it.

Roland Benedikter ist Vorstandsmitglied des Instituts für Ideengeschichte und Demokratieforschung Innsbruck-Bozen-Trient. U. a. Autor von *Zeitgeist-Symptome* (2000), *Das Geheimnis des Pulsschlags. Philosophie der Rave-Kultur* (im Druck) und *Inspiration und Postmoderne* (im Druck), Herausgeber von *Die Geisteswissenschaften im Spannungsfeld zwischen Moderne und Postmoderne* (1998) und der mehrbändigen Reihe *Postmaterialismus* (seit 2001).

Anschrift: Cavour-Str. 23/a, I-39100 Bozen/Bolzano.
E-Mail: roland.benedikter@provinz.bz.it.

Personenregister

COLLEGIUM PHILOSOPHICUM

In Verbindung mit Fritz Hartmann, Eilert Herms und Robert Spaemann hrsg. von Vittorio Hösle, Peter Koslowski, Gerhard Kruip und Richard Schenk. - Die Reihe stellt die Ergebnisse der Tagungen des Collegium Philosophicum am Forschungsinstitut für Philosophie Hannover vor.

VITTORIO HÖSLE (Hrsg.)
Metaphysik

Herausforderungen und Möglichkeiten. - *Collegium Philosophicum 4. Br. ISBN 3 7728 2205 3.*
Frühjahr 2002
In den vergangenen Jahren scheint eine weitreichende Rehabilitierung metaphysischer Frage-stellungen in Gang gekommen zu sein. Nicht nur stoßen die metaphysischen Entwürfe der Tradition auf ein wachsendes Interesse; auch die Möglichkeit von Metaphysik heute wird immer häufiger diskutiert. Die hier versammelten Beiträge erörtern und verteidigen verschiedene metaphysische Konzeptionen. Dabei steht die Suche nach einem angemessenen Metaphysik-begriff ebenso im Vordergrund wie die Auseinandersetzung mit der modernen Metaphysikkritik.

INHALT: *Th. Buchheim:* Was sind metaphysische Fragen? - *R. Schönberger:* Das Verstehen und seine Grenze - *M. Lutz-Bachmann:* Postmetaphysisches Denken? - *K.-O. Apel:* Metaphysik und die transzendentalphilosophischen Paradigmen der Ersten Philosophie - *W. Schweidler:* Induktion als Lebensform - *V. Hösle:* Zum Verhältnis von Metaphysik des Lebendigen und allgemeiner Metaphysik - *M. Olivetti:* Metaphysik, Intersubjektivität, Theologie - *P. Koslowski:* Metaphysik und Philosophie der Offenbarung.

Weitere lieferbare Bände in dieser Reihe:

PETER KOSLOWSKI (Hrsg.)
Das Gemeinwohl zwischen Universalismus und Partikularismus

Zur Theorie des Gemeinwohls und der Gemeinwohlwirkung v. Ehescheidung, politischer Sezes-sion und Kirchentrennung. - *Collegium Philosophicum 3. 1999. IX, 411 S. Br. ISBN 3 7728 1991 5.*

RICHARD SCHENK (Hrsg.)
Kontinuität der Person

Zum Versprechen und Vertrauen. - *Collegium Philosophicum 2. 1998. IX, 286 S. Br. ISBN 3 7728 1715 7.*
»Insgesamt bietet der Sammelband einen anspruchsvollen, weit in die Tiefe gehenden Ein-blick in die gegenwärtigen wissenschaftlichen Positionen zu einem nicht nur für die Theo-logie und Philosophie zentralen Begriff.«   *David Berger, Köln*

RICHARD SCHENK (Hrsg.)
Zur Theorie des Opfers

Ein interdisziplinäres Gespräch. - *Collegium Philosophicum 1. 1995. X, 342 S. Br. ISBN 3 7728 1665 7.*

ALLGEMEINE ZEITSCHRIFT
FÜR PHILOSOPHIE (AZP)

Hrsg. im Auftrag der Allgemeinen Gesellschaft für Philosophie in Deutschland e.V. (AGPD) von Tilman Borsche. Wissenschaftlicher Beirat: Günter Abel, Günther Bien, Gerd-Günther Grau, Kurt Hübner, Matthias Kaufmann, Wolfgang Kluxen, Theo Kobusch, Ralf Konersmann, Hermann Lübbe, Odo Marquard, Otto Pöggeler, Hans Poser, Herbert Schnädelbach, Thomas M. Seebohm, Josef Simon, Rainer Specht, Pirmin Stekeler-Weithofer, Wolfgang Wieland. Redaktion: Christof Kalb und Christian Strub. 1976 ff. ISSN 0340-7969.

HEFT 2/2001. *84 S.*   *Lieferbar*

ABHANDLUNGEN: *Helmut Pape:* Die Offenheit von Wirklichkeit und Rationalität im Pragmatismus - *Gerhard Faden:* Meister Eckhart und die absolute Nähe - BERICHTE UND DISKUSSIONEN: *Claus Langbehn:* Tod des Subjekts? Zum Sinn und Unsinn eines Schlagworts - *Christoph Lütge:* Popper als Ethiker - BUCHBESPRECHUNGEN: *Alfred Hirsch:* Abel, ›Sprache, Zeichen, Interpretationen‹ - *Andreas Luckner:* Rentsch, ›Negativität und praktische Vernunft‹ und ›Die Konstitution der Moralität‹.

HEFT 3/2001. *88 S.*   *Lieferbar*

ABHANDLUNG: *Georg W. Bertram:* Das Denken der Sprache in Heideggers ›Sein und Zeit‹ - BERICHTE UND DISKUSSIONEN: *Stefan Majetschak:* Moderne und Modernismus in der Kunsttheorie des 20. Jahrhunderts - *Martin Mühl:* Überlegungen zum praktischen Zusammenhang von Kunst und Sinnen im Anschluß an Helmuth Plessner - *Uwe Bernhardt:* Die Jugendlichkeit des Werkes. Zum Status der Kunst bei Levinas - BUCHBESPRECHUNGEN: *Manfred Wetzel:* Höffe, ›Demokratie im Zeitalter der Globalisierung‹ - *Dietmar Hübner:* Kersting, ›Theorien der sozialen Gerechtigkeit‹ - *Michael Kober:* Baltzer, ›Gemeinschaftshandeln‹ - *Bodo Kensmann:* Steenblock, ›Theorie der kulturellen Bildung‹.

HEFT 1/2002. *Ca. 90 S.*   *Frühjahr 2002*

VORWORT DES HERAUSGEBERS - ABHANDLUNGEN: *Werner Stegmaier:* Orientierung an Recht und Religion - *Sonja Rinofner-Kreidl:* Die Entdeckung des Erscheinens. Was phänomenologische und skeptische »Epoché« unterscheidet - BERICHTE UND DISKUSSIONEN: *Jens Heise:* Topik und Kritik bei Vico. Materialien zur Kulturphilosophie - *Tamilo van Zantwijk:* Psychologie oder Psychagogie? Die menschliche Seele in der angewandten Philosophie Platners und Fichtes - *Gunnar Hindrichs:* Habermas und die neuzeitliche Subjektivität - *Rolf Elberfeld:* »Anachronismen«. Bericht über die Tagung des Engeren Kreises der AGPD in Würzburg, 3.-6. Oktober 2001.

frommann-holzboog